受験を決めたらまず手に取りたい

愛玩動物看護師 国家試験 合格準備 BOOK

国試研　著

 EDUWARD Press

愛玩動物看護師国家試験の合格に向けて

　2019年6月21日、念願であった動物看護師の国家資格を創設する愛玩動物看護師法が参議院本会議において全会一致で可決、成立しました。この愛玩動物看護師法では、2023年12月末※までに第1回の国家試験を行わなければならないことになっています。日本で初めての愛玩動物看護師になるためには、この試験に合格し、愛玩動物看護師名簿に登録されなければなりません。

　愛玩動物看護師誕生…。その瞬間を考えただけで、ワクワクしてきますが、それまでにクリアしなくてはならない問題が山積しています。受験者の要件や国家試験の出題基準、各種学校のカリキュラム内容、愛玩動物看護師の業務内容、国家試験の受験日などさまざまな課題があり、2020年9月現在、関係するそれぞれの立場の方々は苦労なさっていることと思います。

　愛玩動物看護師国家試験を受験しようと思っている方々は、試験内容や試験範囲、問題の難易度などが気になって仕方がないことでしょう。養成機関関係の方々はカリキュラム内容や今後の日程、受験者の要件などが気になることでしょう。それぞれの立場で考えれば、これらは当然のことだと思います。

　人間はそもそも、自分の立場でものごとを考えてしまうもので、それ自体は間違ったことではありません。しかし時には、立場を変えて考えなければならないこともあるのです。「視点を変えられない、視座を変えられない、視野が狭い」——こうした状態で愛玩動物看護師を眺めてしまうと、偏った考え方になりがちですが、視点や視座を変え、視野を広げることで、見えるものも変わり、同様に考え方も変わるものです。

　愛玩動物看護師国家試験を受験予定の皆さま、そして養成機関関係の皆さまに考えていただきたい立場があります。それは、国民の皆さまの立場です。山積したさまざまな課題を解決していくためには、さまざまな利害関係も絡むでしょうし、解決策には利点や欠点もあるでしょう。しかし、常に国民の皆さま方の立場で考えて課題を解決することを忘れなければ、自ずとよい結果が生まれると思うのです。

　今、関係者全員が共通の思いとしてもたなければいけないこと、それは「愛玩動物看護師を国家資格にしてよかったと、国民の皆さま方に思っていただけるように最大限の努力をすること」だと思います。

　本書は、単なる受験勉強本ではありません。愛玩動物看護師国家試験に合格することは目的ではなく、手段にすぎないからです。このため、本書の冒頭では愛玩動物看護師になるための心構えや考え方について述べています。ここが本書の最も伝えたかったことであり、最も重要な内容となっています。

　本書が「愛玩動物看護師が誕生し、国民の皆さまによかったと思われるにはどうしたらよいのか」を考えるきっかけになっていただければ幸いです。

2020年9月吉日

国試研　代表　鈴木勝

※2021年2月現在、第1回国家試験は2023年2月末〜3月に実施される見通しです。

CONTENTS

視覚素材

第4章（p.94、95）の問題・解説で使用する視覚素材（図版）です。これらの視覚素材を参照しながら、読み進めてください。

第4章 15. 廃棄物の処理及び清掃に関する法律

問題4（p.94）

問題5（p.94）

問題6（p.94）

問題4〜6の解説図 （p.95）

赤色は主に液体や泥状の感染性廃棄物、橙色は主に固形状の感染性廃棄物、黄色は主に鋭利な感染性廃棄物です。

特色：液状または泥状のもの

血液、体液、手術等で発生した廃液等

梱包
密閉容器

特色：固形状のもの

血液等が付着したガーゼ等

梱包
丈夫なプラスチック袋を二重にして使用または堅牢な容器

特色：鋭利なもの

注射針、メス、アンプル、血液の付着したガラス片等

梱包
耐貫通性のある丈夫な容器

愛玩動物看護師と愛玩動物看護師国家試験に関するQ&A

Q1 愛玩動物看護師法の目的は？

解説

　愛玩動物看護師法は、愛玩動物看護師の資格を定めるとともに、その業務が適正に運用されるように規律し、もって愛玩動物に関する獣医療の普及及び向上並びに愛玩動物の適正な飼養に寄与することを目的としています。

図1-1

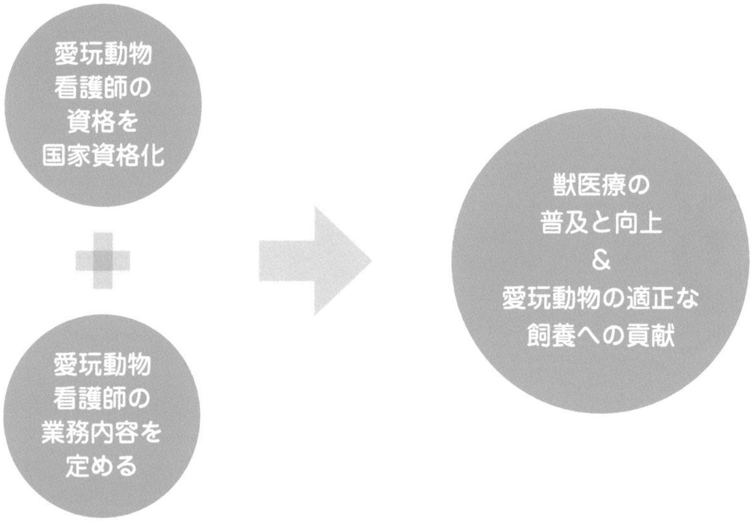

愛玩動物
看護師の
資格を
国家資格化

愛玩動物
看護師の
業務内容を
定める

獣医療の
普及と向上
&
愛玩動物の適正な
飼養への貢献

ちょっとひとこと

　ここで愛玩動物看護師法と獣医師法を比較してみましょう。獣医師法第一条（獣医師の任務）には、「獣医師は、飼育動物に関する診療及び保健衛生の指導その他の獣医事をつかさどることによって、動物に関する保健衛生の向上及び畜産業の発達を図り、あわせて公衆衛生の向上に寄与するものとする。」とあります（**図1-1参照**）。

　一方で、愛玩動物看護師は獣医療の向上が目的の一つでした。愛玩動物看護師と獣医師の関係をみると、愛玩動物看護師は獣医療の向上に貢献することで、獣医師の目的を達成することに寄与する職業と捉えることができます（**図1-3参照**）。そのように考えると、愛玩動物看護師は、獣医師という資格の目的も理解していなければいけないことになるでしょう。

　愛玩動物看護師は、主に獣医療の向上に貢献することで、「愛玩動物の保健衛生の向上」や「公衆衛生の向上」に寄与する資格と捉えることができます（**図1-2参照**）。イメージとしては、愛玩動物看護師はその業務を行うことで、愛玩動物の健康だけでなく、人獣共通感染症の予防等をして、人の健康も守る（公衆衛生の向上）職業なのだと理解し、愛玩動物看護師国家試験では、人獣共通感染症等の公衆衛生に関する問題が出ると予想して、勉強をしておくべきと考えます。

図1-2

その他の獣医事			目的		
飼育動物の診療	飼育動物の保健衛生の指導	任務として行う →	動物の保健衛生の向上	畜産業の発達	公衆衛生の向上

図1-3

獣医師の
目的達成に寄与

愛玩動物看護師
による獣医療の向上

Q2　愛玩動物看護師法の所管は？

解説

　所管とは、権限をもって管理することで、簡単にいうと「担当する」という意味です。愛玩動物看護師法は、農林水産省と環境省の所管となります。ちなみに獣医師法の所管は農林水産省、医師法の所管は厚生労働省、保健師助産師看護師法の所管は厚生労働省になりますから、所管が二つある愛玩動物看護師法は、この点で特殊であることがわかります。

【連絡先】
農林水産省　消費・安全局　畜水産安全管理課　　　03-3502-8111（代表）
環境省　　　自然環境局　総務課動物愛護管理室　　03-3581-3351（代表）

ちょっとひとこと

　獣医師法の所管は農林水産省ですが、愛玩動物看護師法は環境省も加わります。これは、愛玩動物看護師が、農林水産省だけでなく、環境省と大きく関係する職業であることを意味しています。では、環境省とはどのような政策を行っている省なのでしょうか。環境省のホームページでは「環境省では、持続可能な社会の実現に向け、気候変動問題への対応、環境再生、廃棄物対策等の資源循環政策、生物多様性の保全や自然との共生、国立公園の活性化、安全・安心な暮らしの基盤となる水・大気環境の保全や化学物質管理対策等さまざまな取組を行っています。」とあります（**図1-4参照**）。

　地球の環境が悪化すれば、動物や人の健康は守れません（**図1-5参照**）。ですから、愛玩動物看護師国家試験では環境省に関係する温暖化等の環境衛生の知識や特定外来生物や絶滅危惧種等の知識、ごみの処理やリサイクルの知識等も求められてくると考えましょう。

図1-4

総合環境政策

総合環境政策統括官グループは、環境基本計画の策定等環境の保全に関する基本的施策を行っています。

大気環境・自動車対策

水・大気環境局は、大気汚染や騒音等の問題に取り組み、国民の健康保険に努めています。

地球環境・国際環境協力

地球環境局は、地球環境保全に関する基本的な政策の企画、立案及び推進を図っています。

水・土壌・地盤・海洋環境の保全

水・大気環境局は、流域全体を視野に入れた水環境の保全や、土壌汚染防止に取り組んでいます。

環境再生・資源循環

環境再生・資源循環局は、福島第一原発事故による放射性物質汚染への対処、3Rや適性処理を推進しています。

保健・化学物質対策

環境保健部は、化学物質による環境汚染が人の健康や生態系に与える影響の防止に努めています。

自然環境・生物多様性

自然環境局では、原生的な自然から身近な自然まで地域に応じた自然環境の保全を行っています。

地方環境対策

7つの地方環境事務所が中心となり、地域に応じた機動的かつ細やかな環境政策を展開しています。

環境省ホームページより

図1-5

"One Health" の理念
人と動物の健康と環境の保全を担う関係者が緊密な協力関係を構築し、分野横断的な課題の解決のために活動していこうとする考え方

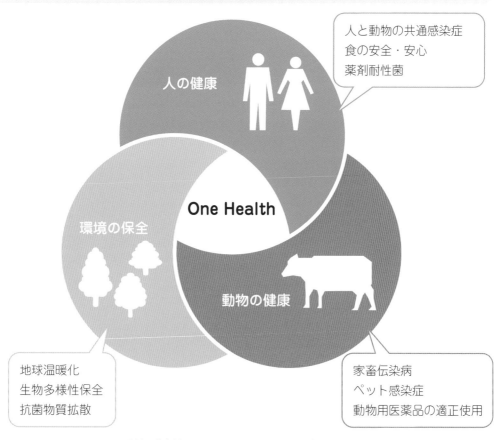

AMR臨床リファレンスセンターホームページ、福岡県ホームページをもとに作成

Q3　愛玩動物看護師の業務は？

解説

　愛玩動物看護師の業務は愛玩動物看護師法第2条第2項に規定されており、診療の補助、愛玩動物の世話その他の愛玩動物の看護、愛玩動物を飼養する者その他の者に対する愛護及び適正な飼養に係る助言等を業務とすることとなります。

　なお、業務のうち、診療の補助は愛玩動物看護師の資格を有する者のみ（獣医師を除く。）が行うことができる独占業務となっています（**図1-6参照**）。

図1-6

愛玩動物看護師の業務範囲の考え方（イメージ）

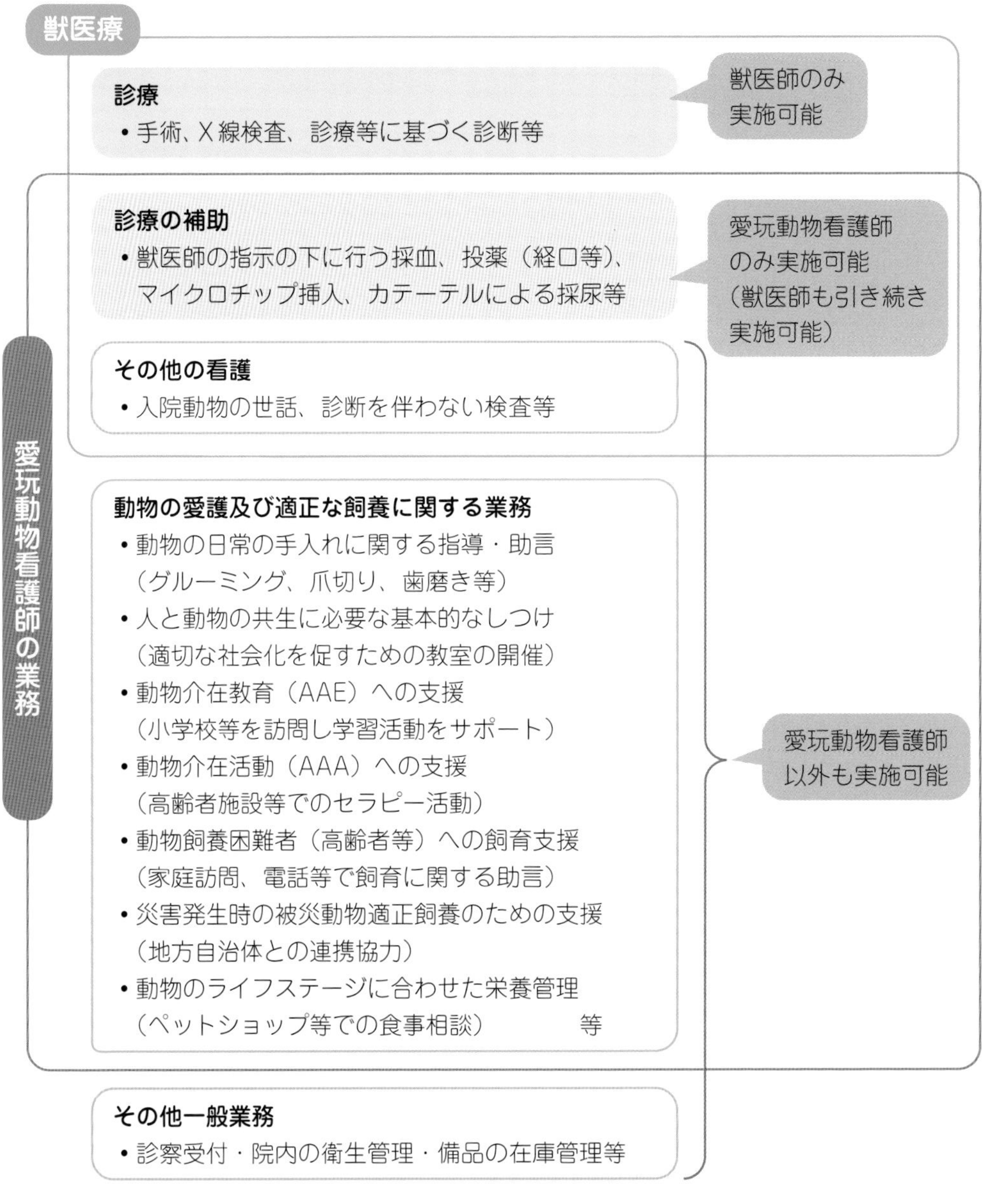

獣医療

愛玩動物看護師の業務

診療
- 手術、X線検査、診療等に基づく診断等

　　→ 獣医師のみ実施可能

診療の補助
- 獣医師の指示の下に行う採血、投薬（経口等）、マイクロチップ挿入、カテーテルによる採尿等

　　→ 愛玩動物看護師のみ実施可能（獣医師も引き続き実施可能）

その他の看護
- 入院動物の世話、診断を伴わない検査等

動物の愛護及び適正な飼養に関する業務
- 動物の日常の手入れに関する指導・助言（グルーミング、爪切り、歯磨き等）
- 人と動物の共生に必要な基本的なしつけ（適切な社会化を促すための教室の開催）
- 動物介在教育（AAE）への支援（小学校等を訪問し学習活動をサポート）
- 動物介在活動（AAA）への支援（高齢者施設等でのセラピー活動）
- 動物飼養困難者（高齢者等）への飼育支援（家庭訪問、電話等で飼育に関する助言）
- 災害発生時の被災動物適正飼養のための支援（地方自治体との連携協力）
- 動物のライフステージに合わせた栄養管理（ペットショップ等での食事相談）　　　　等

　　→ 愛玩動物看護師以外も実施可能

その他一般業務
- 診察受付・院内の衛生管理・備品の在庫管理等

農林水産省ホームページ・環境省ホームページより

ちょっとひとこと

　愛玩動物看護師法は、2019年6月に制定されましたが、同じ時期に動物の愛護及び管理に関する法律（以下、動管法）の改正が行われました。この動管法の改正では、犬猫の販売業者等に犬と猫のマイクロチップ装着を義務付けています（2022年6月1日施行）。

　マイクロチップ装着が義務化される時期と、第1回愛玩動物看護師国家試験が行われる時期がほぼ一致しているのですが、もちろん偶然ではありません。多くの犬と猫にマイクロチップを装着することになるため、獣医師だけでは手が足りないのです。ですから、愛玩動物看護師の国家試験では、2019年に改正された動管法に関する問題、特にマイクロチップに関連した問題が出題されると考えましょう。

Q4　獣医師の指示の下に行う「診療の補助」って何？

解説

　獣医師の指示の下に行われる診療の補助に該当する具体的な行為については、2020年9月現在今後、検討されることとなっていますが、採血、投薬（経口等）、マイクロチップ装着等が該当すると思われます（**図1-6参照**）。

　なお、診療の補助は愛玩動物看護師法第2条第2項において、診療の一環として行われる衛生上の危害を生じるおそれが少ないと認められる行為であって、獣医師の指示の下に行われるものと規定されています。

Q5 愛玩動物看護師法における愛玩動物とは？

解説

　愛玩動物看護師法における愛玩動物とは、愛玩動物看護師法第2条第1項において、獣医師法に規定する飼育動物のうち、犬、猫その他政令で定める動物と規定されています。

　その他政令で定める動物については、愛玩鳥を予定していますが、その具体的な範囲については、今後、検討することとしています。

　なお、ここでいう、対象動物は、動物種を定めるものであり、飼育目的は問いませんので注意しましょう。例えば、愛玩目的であっても現時点で豚は含まれませんが、愛玩目的でなくても犬は対象動物に含まれます。

ちょっとひとこと

　獣医師法に規定する飼育動物を確認しておきましょう。獣医師法の飼育動物とは、牛、馬、めん羊、山羊、豚、犬、猫、鶏、うずら、オウム科全種、カエデチョウ科全種、アトリ科全種です。ちなみにオウム科にはコバタンやオカメインコ等、カエデチョウ科にはブンチョウ等、アトリ科にはカナリア等の小鳥がいます。これらの中から愛玩動物看護師法の愛玩動物が選ばれることになるでしょう。

Q6 国家試験に合格した愛玩動物看護師以外の民間の動物看護師は動物看護師として働けなくなるの？

解説

　愛玩動物看護師法によって愛玩動物看護師の業務独占とされた診療の補助以外の業務は、引き続き、愛玩動物看護師以外の者も行うことは可能です（**図1-6参照**）。

　ただし、愛玩動物看護師法第42条に規定されているとおり、愛玩動物看護師でない者は、愛玩動物看護師又はこれに紛らわしい名称を使用できませんので、注意しましょう。

第1章

第2章

第3章

第4章

第5章

ちょっとひとこと

　愛玩動物看護師に似た紛らわしい名称とは、いったいどういったものなのか考えてみましょう。例えば、省略語のように思えますので、「動物看護師」が一般の方からすれば、紛らわしいと思われます（紛らわしいかどうかの判断は司法が決めますので、あくまでも予想です）。もしも動物看護師という名称が紛らわしい名称となるならば、愛玩動物看護師の資格をもっておらず、動物看護業務に携わる方は、なんという名称で呼ばれることになるのでしょうか。もしかしたら、動物病院のスタッフの一人です、等と紹介されることになるかもしれません。愛玩動物看護師の資格は、名称独占の資格ですので、実際の現場では、資格がない方は肩身の狭い思いをするのではないかと予想されます。やはり、資格をもっておいて損はありません。動物看護の業務に携わっているのであれば、ぜひ国家資格の取得を目指してほしいものです。

　診療の補助以外は愛玩動物看護師以外の人もできるのならば、一生懸命勉強して国家試験に合格するメリットがなさそうな気がしてしまうかもしれません。しかし、愛玩動物看護師になることで得られるメリットはたくさんあるはずです。まず得られる賃金に差が出ることは当然ですし、さまざまな生活の場面で信用が増すことにより生活がしやすくなること等も考えられます。頑張って得た資格からは、努力以上の恩恵を受けることになるので、頑張って合格を目指しましょう。

Q7 　民間の動物看護師資格をもっているけど、動物看護師と名乗ってはいけないの？

解説

　愛玩動物看護師法の施行後は愛玩動物看護師法第42条に規定されているとおり、愛玩動物看護師でない者は、愛玩動物看護師又はこれに紛らわしい名称を使用できません。

　なお、愛玩動物看護師法附則第6条の規定により、法律の施行の際現に、愛玩動物看護師又はこれに紛らわしい名称を使用している者は、愛玩動物看護師法の施行（2022年5月1日）後6か月間に限って動物看護師の名称を使うことは可能ですが、その後は使用できません。

第1章

第2章

第3章

第4章

第5章

ちょっとひとこと

まとめますと、愛玩動物看護師は名称独占資格で、一部業務独占資格（獣医師の診療補助のみ）となります。複雑ですが、しっかりと愛玩動物看護師の資格について頭に入れておきましょう。

愛玩動物看護師以外の代表的な国家資格と分類

	主な国家資格	資格の特徴	罰則
業務独占資格	獣医師、医師、薬剤師、弁護士、公認会計士、一級建築士、司法書士、行政書士、看護師、理容師、等	資格をもっている人だけが、独占的にその仕事を行うことができます。	無資格で業務を行うと、法的な罰則があります。
名称独占資格	介護福祉士、調理師、気象予報士、社会福祉士、栄養士、等	資格をもっている人だけが、その名称を名乗ることができる資格です。紛らわしい名称を用いることも禁止されています。	無資格で名称を名乗ると、法的な罰則があります。

Q8　愛玩動物看護師の国家試験はいつ行われるの？

解説

第1回の愛玩動物看護師国家試験の日程詳細は、2023年（令和5年）2月末〜3月に行われる予定です。（2021年2月現在）

ちょっとひとこと

　第1回愛玩動物看護師国家試験まで最短であと2年、遅くとも約3年ということになりますが、当然、受験する側としては、最短を意識して勉強すべきなのはいうまでもありません。当たり前ですが、早いと思っていた試験日が遅れた場合は、たくさん勉強する準備期間が得られたと考えれば損はありませんが、遅いと思っていたものが早まった場合は、時間が足りず対応できません。心の中では「あと2年しかない」と思って勉強するのが得策です（**図1-7参照**）。

図1-7

愛玩動物看護法　施行スケジュール（想定）　2020年（令和2年）12月14日時点

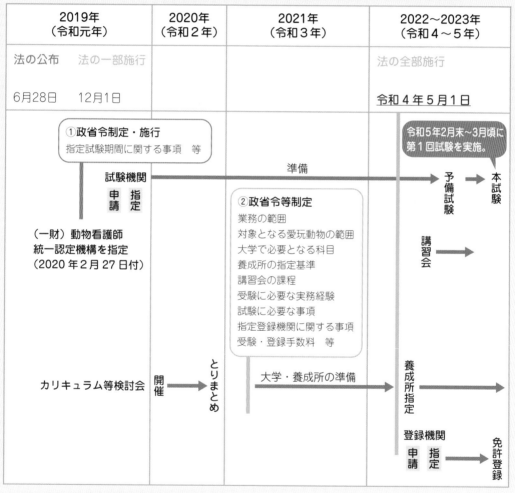

農林水産省ホームページ・環境省ホームページより

Q9 　愛玩動物看護師の国家試験は誰でも受験できるの？

解説

　愛玩動物看護師の国家試験を受験するには受験資格が必要です。受験資格は、法第31条で以下のとおり規定されています。

> (1) 大学において農林水産大臣及び環境大臣の指定する科目を修めて卒業した者
> (2) 農林水産省令・環境省令で定める基準に適合するものとして都道府県知事が指定した愛玩動物看護師養成所において、3年以上愛玩動物看護師として必要な知識及び技能を修得した者
> (3) 外国の学校等を卒業し、又は外国で愛玩動物看護師に係る農林水産大臣及び環境大臣の免許に相当する免許を受けた者で、(1) 及び (2) に者と同等以上の知識及び技能を有すると農林水産大臣及び環境大臣が認定した者

　また、受験資格の特例は、法附則第2条で以下のとおり規定されています。

> (1) 次のイ～ニのいずれかに該当する者であって、かつ法施行後5年以内に農林水産大臣及び環境大臣が指定した講習会を修了したもの
> 　イ　法施行日前に、大学を卒業した者であって、当該大学において農林水産大臣及び環境大臣の指定する科目を修めたもの
> 　ロ　法施行日前に、大学に入学した者であって、農林水産大臣及び環境大臣の指定する科目を修めて施行日以降に卒業したもの
> 　ハ　法第2条第2項に規定する愛玩動物看護師の業務（診療の補助を除く。）に必要な知識及び技能を修得させる養成所であって都道府県知事が指定したものにおいて、施行日前に当該知識及び技能の修得を終えた者
> 　ニ　法第2条第2項に規定する愛玩動物看護師の業務（診療の補助を除く。）に必要な知識及び技能を修得させる養成所であって都道府県知事が指定したものにおいて、法律の施行の際現に当該知識及び技能の修得中であり、その修得を法施行日以降に終えた者
> (2) 予備試験に合格した者

　予備試験の受験資格は、法附則第3条第2項において、法第2条第2項に規定する愛玩動物看護師の業務（診療の補助を除く。）を5年以上業として行った者又は農林水産大臣及び環境大臣がこれと同等以上の経験を有すると認める者であって、農林水産大臣及び環境大臣が指定した講習会を修了していることと規定されています。

　なお、予備試験は、法附則第3条第1項において、法施行日から5年を経過する日までの間、毎年1回以上行うこととしています。

　農林水産大臣及び環境大臣の指定する科目、養成所の指定要件、講習会の内容や予備試験の内容等については、今後、検討することとしています。

第2章 受験のための「心の準備」

1 国家資格化に対する心構え

　愛玩動物看護師法が2019年6月に制定され、いよいよ愛玩動物看護師が国家資格になりました。このことにより愛玩動物看護師はさまざまな恩恵を受けることになるでしょう。例えば、社会的な地位や信用が上がること（これによりさまざまな契約ができやすくなる）、賃金が上がる、就職しやすい、等が予想される恩恵です。

　しかし、良いことばかりではありません。愛玩動物看護師を目指そうとする皆さんには、恩恵を受ける一方で、生じる責任、義務が増すのです（**図2-1 参照**）。

図2-1

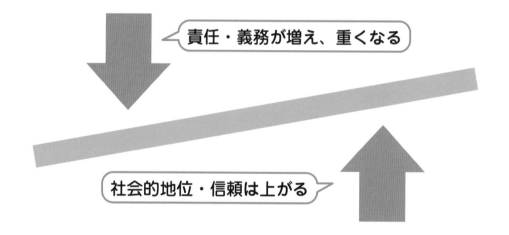

責任・義務が増え、重くなる

社会的地位・信頼は上がる

　そもそも国家資格とは何かから考えてみたいと思います。国家資格とは、一般的に、国が法律に基づいて認定する資格を意味します。ちなみに、認定動物看護師は、民間団体である一般財団法人動物看護師統一認定機構が認定する資格なので、民間資格といいます。

　愛玩動物看護師は国家資格ですから、国が認定する資格なのですが、実際に免許を与えるのは主務大臣で、晴れて愛玩動物看護師になった暁に受け取る免状には、主務大臣の名前が記載されることになるでしょう。そのため、愛玩動物看護師免許を国や大臣から受けたという勘違いが生じやすいのですが、本当は違います。

　日本は、憲法で国民主権を定めた国です。国民主権とは、主権は国民にあるという考え方です。要するに国民が政治権力の責任者で、政府は国民の意思で設立されたという思想を意味します。つまり、国家資格は国民の皆さまからいただく資格と捉えるべきなのです。

　そのように考えると、自ずと自分がどうすべきなのかがわかります。国民の皆様から見られて恥

第1章

第2章

第3章

第4章

第5章

ずかしくないよう、自分は国家資格を受け取る資格がある人物なのか、それに相応しい人物なのかと自問し、自己研鑽を惜しまないようにしなければなりません。

　例えば皆さんは、同じ国家資格である医師や獣医師に対しどのような考えをもっているでしょうか。誰しもが医師や獣医師にはこういった人になってほしい、こういった人には医師や獣医師になってほしくない、といった思いがあるはずです。

　国家試験を受験する側の人間は、ついつい、知識が一定以上あれば資格をもらえると思ってしまいがちですが、国民の皆さまは国家資格をもっている人に対し、知識をもっているのは当たり前で、それ以上のことを当然のように求めているのではないでしょうか。医師や獣医師が重大な犯罪に手を染めたら、医師なのに、獣医師なのにと受け取られてしまうのは、ニュースや新聞を見れば明らかだと思います。

　愛玩動物看護師国家試験を受験し、愛玩動物看護師になろうと思うことは、国民の皆さまが期待する、こういう人に愛玩動物看護師になってほしいという思いを受け取ることを意味するのです。こういった自覚と覚悟をもって準備をはじめれば、合格は目の前となることでしょう。「問題が難しそう」「受験勉強が大変そう」「この科目が嫌い」「勉強が大嫌い」等と思っている受験生を、国民の皆さまが愛玩動物看護師になってほしいと思うわけがないのですから。

2 愛玩動物看護師国家試験の目的・受験者への要求

　国家試験に限らず、試験には目的があります。ある一定の能力に達しているのかを評価したい、どのくらい学習が定着したのかを評価したい、等さまざまな目的がありますが、愛玩動物看護師国家試験の目的は何かを考えてみましょう。

　まず、当然ですが、資格試験ですので「ある一定の能力があるか」を評価する試験なのは明白です。多くの受験生に、国家試験の目的を尋ねれば、同じような回答が出てくることでしょう。しかし、これだけが試験をする目的でしょうか。ほかの隠された目的はないのでしょうか。

　試験には隠された裏の目的が必ずあります。国家試験のような資格試験では、通常、膨大な試験範囲を勉強せねばなりません。その勉強範囲をきちんと勉強し、国家試験当日に間に合わせるには、計画性が必要となるでしょう。どんなに能力があっても、一夜漬けで勉強して合格できるような試験ではないのです。

　次に、膨大な試験範囲に挫けず、やり通す忍耐力、努力といったものが合格には不可欠でしょう。どんな学問でもそうですが、基本的に学問に終わりはありません。ですから国家試験合格後も、毎日勉強を積み重ね、新しいことも学びつつ、忘れがちなものを忘れないようにする日々の努力が必要です。コツコツと努力していく過程であきらめたり、投げ出したり、挫けたりすることがない人でなければ、国民の皆さまに免許等与えてもらえないのです。

　最後は問題の難易度です。もしも一夜漬け程度の勉強で国家試験に合格できたのならば、免許にたいした価値も見いだせないでしょうが、苦労して努力の結果得た免許であれば、絶対に失いたくない、大事にしたいという思いが強くなるはずです（**図2-2参照**）。

　国家資格は前述したように、国民の皆さまから認めていただく資格と考えるべきなので、合格後に犯罪者になり、資格をはく奪されるような人間が多く現れるようでは、国民の皆さまに対し申し開きができません。国家試験が難しいのは、合格した後に「こんなに苦労して得た資格を愚かな行為で失いたくない」と思わせるという意味、犯罪抑止の側面もあるのかもしれません。

図2-2

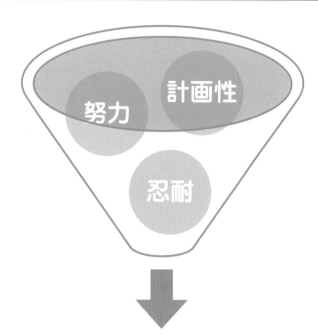

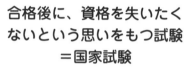

合格後に、資格を失いたく
ないという思いをもつ試験
＝国家試験

3　勉強をし、国家試験に合格するということ

　今度は手段と目的が何かを通して、合格することの意味を考えてみましょう。ノコギリを使って木を切り、椅子をつくるとします。この場合、手段はノコギリになり、椅子をつくることが目的になるでしょう。ノコギリは椅子をつくるための道具（手段）だからです。ここで考えて欲しいのは、目的です。椅子をつくるというのは、本当に目的なのでしょうか。一般的に椅子は座るための道具（手

段）です。ですから、ノコギリを使って椅子をつくることは、最初の目的にはなりますが、真の目的ではないはずです。真の目的はノコギリを使って、椅子をつくり、その椅子に座って何かをすることになるはずです。

では、次に愛玩動物看護師国家試験で考えてみましょう。勉強をして国家試験に合格するとします。この場合、勉強が手段で、国家試験合格が目的になるでしょう。しかし、先ほどの椅子と同じで、国家試験に合格することは、果たして真の目的なのでしょうか。

愛玩動物看護師国家試験に合格することや、その結果得られる愛玩動物看護師免許を受けることは、最初の目的であっても、真の目的ではありません。大事なことは、愛玩動物看護師国家試験に合格し、免許をいただいた後に何をするかなのです。最初の目的である国家試験合格は、実は単なる手段に過ぎず、通過点にすぎないのです。

富士山を目標に登山の練習をしたら、富士山は険しく高い山となりますが、エベレストを目標に登山の練習をすると、富士山は単なる通過点で、たいして高い山にはなりません。愛玩動物看護師国家試験を目標にすると、合格は高いハードルのように思え、挫けそうになりますが、合格後の自分が何を成し遂げたいのかという真の目的を目標にすれば、愛玩動物看護師国家試験の合格は単なる通過点になり、合格することはたいして高いハードルになりません。

どこを目標地点に設定するかで、あることに対する捉え方や評価が変わってしまう。このテクニックをうまく活用するのです。

手段と目的を正しく設定し、心の持ち方や考え方を良い方向にもっていくことも、大事な受験テクニックとなります。愛玩動物看護師免許をいただいた後、何をするか、何を成し遂げたいのかは受験生それぞれでしょうが、「自分は何をしたいのか、何を成し遂げたいのか」を自問自答し、必ず自分の最大の目標（真の目標）として掲げておきましょう。

4　究極の目的、勉強することの真の意味

　愛玩動物看護師になるための勉強に限らず、そもそも勉強することの本来の目的とは何なのでしょうか。それは人間としての成長です。勉強すること、それは人間としての成長を遂げるための手段なのです。

　コップが体で、水が勉強して得る知識だとしましょう。コップの中にたくさん水を入れ、少しでも多くの水が入るようにすることが、勉強をして知識を吸収することだとします。そうすると、いつかはコップに水があふれて、入りきらないときがくるはずです。そのときには、勉強をいくら頑張っても、何も入らない、知識が吸収されない状態といえます。これが、その人間のその時点での限界で、俗にいう勉強が煮詰まるという状態になります。

　では、もっとたくさんの水をコップに入れるにはどうすればよいのでしょうか。その答えは、単純にコップを大きくすればよいのです。勉強に限界を感じたとき、能力の限界だと勘違いしてはなりません。人間としての成長が足りないだけなのです。勉強をしつつ、その過程で人間として成長をしていけば、自ずといくらでも知識は吸収されていくものなのです。知識をいっぱいに詰め込んではみたが、人間として成長しなかった人間は、必ず自分の未来に低迷や停滞が待っているのです。

　コップを大きくすること。これが人間としての成長、人間としての器を大きくするということです。私たち人間が勉強する本当の意味、そして究極の目標は人間としての成長、器を大きくすることであり、「勉強を通して、人間として成長すること」が最も大事なことなのです。苦労をしたから、やさしくなれる。国家試験の勉強を通して、人間的に成長することを意識しましょう。

計画を立てて勉強をするのは当たり前ですが、その計画通りに進むことは、まずありません。実際は、ほとんどが計画通りにうまくいかず、計画が遅れることの方が多いかもしれません。その遅れが、焦りを生み、さらなる悪循環をもたらして、成績が低迷してしまうのです。

　早めに勉強の準備をし、実際に始めることの最大の利点、それは勉強計画の修正ができることです。勉強計画通りにうまくいかないからこそ、修正がのちに必要となるのですが、その修正を無理なく行い、正しい修正計画にし直すにも、時間の余裕が必要です。

　本書を手に取っている方は、すでにこの点で、一歩合格に向かって前進していることになりますが、そこで油断せず、実際に勉強を早めに始めるようにしましょう。

　「早めに勉強を始めると、息切れし、ガス欠を起こして勉強が逆にできない。だから自分は短期間で一気に勉強したほうがよいのだ」という受験生がいますが、定期試験やほかの試験ではそれでよいでしょう。しかし国家試験を受験するという観点では、この考え方は根本から否定しておきます。

　理由は二つ。一つに勉強する量、試験範囲が膨大であること。二つ目は自分の将来の仕事になる勉強であること。特に後者は決定的です。国家試験合格後、愛玩動物看護師になった後も、日々勉強は続きます。ずっと古い知識のままで仕事ができるほど、甘い仕事ではありません。また、自己研鑽を惜しむ人は、国家資格を目指すべきではありません。国民の皆さまに失礼です（**図3-1参照**）。

　厳しいことをいいますが、早めに勉強をして息切れするくらいの嫌な勉強ならば、合格後もずっと嫌々仕事を続けることになりますので、愛玩動物看護師はあきらめたほうがよいです。合格したら、もう勉強する必要がない、遊べるのだと思う人も受験すべきではありません。そもそもそのような人が目指すような仕事ではないからです。

　やればやるほど勉強が楽しくなる、もっと知りたい、もっと勉強して成長したい、と思うような人が国家試験に合格する人で、国民の皆さまが望む国家試験受験生のあるべき姿です。早めに勉強を始めて、もううんざり、これ以上勉強なんかしたくないという人をふるいにかけ、受験を断念させることも試験の難易度、試験範囲の広さの隠された意味なのかもしれません。

図3-1

勉強の効率
が上がる

成績アップ

計画通りに
進みやすい

心にゆとりが
できる

早めに勉強
を始める

勉強を始める
のが遅い

焦りが出る

勉強効率
が下がる

計画通りにいかず、
さらに焦る

成績低迷

1 設問文の "いい回し" と選択肢に慣れよう

　国家試験には独特の "いい回し" があり、このいい回しの解釈に慣れていないと、正答にたどり着けません。国家試験では知識を覚えるだけでなく、日本語を解釈する能力もある程度、要求されるのです。

　ここではいくつかの例題を通して、国家試験でよく用いられる "いい回し" を理解し、試験問題に慣れる練習をします。自分勝手に解釈することなく、出題者の意図を正しく読み取ることを意識する癖を身につけましょう。

「正しいのはどれか」と「適切なのはどれか」

　愛玩動物看護師国家試験の問題がどのような出題方式なのか、現時点で未定ですが、ここでは五肢択一式の問題を例題に、まずは「正しいのはどれか」と「適切なのはどれか」の違いを理解する練習をします。「正しいのはどれか」と「適切なのはどれか」は同じだと思っている受験生がいますが、出題者はきちんと選んで使っていることを知りましょう。

哺乳類に属するものとして正しいのはどれか。
1. 鶏
2. ジュウシマツ
3. 犬
4. インコ
5. オウム

正解　3

　例題1の場合、正解は選択肢3の「犬」になります。犬が哺乳類に属するという知識から選んでもよいですし、犬以外の選択肢がすべて鳥類なので消去法で解いてもよいでしょう。では、次の例題ではどうでしょう。

哺乳類に関する記述として適切なのはどれか。
1. 無脊椎動物である。
2. 羽をもち、飛ぶことができる。
3. 胎生である。
4. 胸部に肢が6本ある。
5. 翅をもち、飛ぶことができる。

正解　3

　例題2の正解は選択肢3の「胎生である。」になります。哺乳類の犬を思い浮かべ、胎子を産むからという理由から選択肢の3を選んでもよいですし、それ以外の選択肢が正しくないからという理由で消去法を使ってもよいでしょう。

　では、クイズです。どうして例題2の出題者は「正しいのはどれか」という設問文にせず、「適切なのはどれか」にしたのでしょうか。

　それは選択肢3の記述が必ずしも正しいとはいえないからなのです。犬や猫等の多くの哺乳類は、たしかに胎生です。しかし、哺乳類に属するもののなかに胎生ではない動物が少数います。例えば、カモノハシやハリモグラは哺乳類に属しますが、卵を産む卵生なので、例外の存在になります。

　ですから「胎生である」という選択肢は犬や猫等の哺乳類では正しい記述となりますが、カモノハシやハリモグラでは誤りの記述になってしまいますから、正（〇）でも、誤（×）でもない、どちらにも解釈できる△といった選択肢になるわけです。

　選択肢の3が△、それ以外が×なので、いちばん適切なのは選択肢3ですね、という意味で「適切なのはどれか」という文言を使い、「正しいのはどれか」を設問文に使わなかったことが理解できたと思います。

　このように選択肢の内容によっては、〇や×のようにハッキリ正誤が判断できないものがあるため、このような場合に「適切なのはどれか」を使うのです。

　実際には「〇〇病の症状として適切なのはどれか」といった問題が、獣医師国家試験等の問題で

第1章

第2章

第3章

第4章

第5章

出題されます。これは○○病でみられることが多い症状や、○○病の特徴的な症状を選ぶ問題となりますが、ポイントは○○病になった動物すべてに、その症状が必ず出るわけではないということです。ですから、△の選択肢が正解になるので「適切なのはどれか」を使ったわけです。「○○病の症状として正しいのはどれか」にすると、直感的におかしい文章だなというのがわかります。症状に、正しい、正しくないは、ありませんから。

　最後は、応用です。選択肢の内容が○、×、△という３種類あり得ることがわかっていただけたかと思いますので、最後に組合せパターンを練習してみましょう。

例題 3

> 赤い色のものとして最も適切なのはどれか。
> 1. 黒板
> 2. 白衣
> 3. 茶封筒
> 4. ワイン
> 5. 朱肉

正解　5

　選択肢１～３はすべて赤色ではないので消去できますが、選択肢４と５で迷う人が出てしまいます。なぜならばワインには赤ワインもあれば、白ワインもあるからです。

　もしワインを赤ワインだと想定して問題を解けば、選択肢４は正しいことになりますが、白ワイン等ほかの色のワインを想定して解けば、選択肢４は誤りになってしまいます。

　一方で、選択肢５の印鑑を用いる際に使う朱肉は赤色で、他の色を想定できません。よって、常に正しいことになります。ですから、例題３を○、×、△で判断すると、以下のようになります。

1.　×
2.　×
3.　×
4.　△　（場合によっては○でもあり、×でもある）
5.　○　（常に○で正しい）

　例題３のような問題を解くときに選択肢４を選んでしまう受験生が必ずいます。選択肢４も正しいと解釈することができるのは事実ですから、気持ちはわからないでもありません。しかし、このような問題で選択肢４を選んでいると、国家試験には合格できませんので注意しましょう。

　ここでポイントになるのは、やはり設問文の文章です。もし、この問題が「正しいのはどれか」という問題ならば、正解は選択肢４と５の２つになってしまいます。なぜなら、場合によっては選択肢４のワインも正しい場合があるからです。

　そこで、選択肢の５を正解として問題をつくりたい出題者は、設問文を「最も適切なのはどれか」にします。すると、選択肢４と５で、どちらの方がより適切かと問われているので、選択肢の４のワインよりは、選択肢５の「朱肉」の方がより適切だと判断せざるを得なくなるわけです。

　このような設問文の問題は、病名を当てさせる問題で頻繁に用いられます。では、以下のような問題ではどうでしょう。

検査Aが陽性、検査Bが陰性であった。最も疑われる疾患はどれか。
1. ○○病（検査Aが陽性、検査Bが陰性の病気）
2. △△病（検査Aが陽性、検査Bが陽性の病気）
3. ▲▲病（検査Aが陰性、検査Bが陰性の病気）
4. ××病（検査Aが陰性、検査Bが陽性の病気）
5. ×××病（検査Aが陰性、検査Bが陽性の病気）

例題4

正解　1

　例題4の場合、設問文の条件で各選択肢を判断すると、選択肢4と5はまったく疑えない病気であることがわかります。一方で選択肢の2は、検査Aの結果だけみると疑えますが、検査Bの結果からは疑えません。選択肢の3はその逆で検査Aの結果では疑えませんが、検査Bの結果からは疑えることになります。ですから、疑えるか、疑えないかと問われれば、選択肢の2と3は疑えることになってしまいますので、設問文を「最も疑われる疾患はどれか」にしたわけです。このように問われれば、選択肢1は検査Aの結果だけでなく、検査Bの結果からも疑えるので、最も疑わしい疾患として選ばざるをえなくなるわけです。

「誤りはどれか」と「適切でないのはどれか」

　次は「誤りはどれか」と「適切でないのはどれか」ですが、考え方は今まで学んだことと一緒です。基本的には、設問文に慣れるだけです。以下の例題を解いてみましょう。

狂犬病予防法で定める検疫対象動物として**誤りはどれか**。
1. 犬
2. 猫
3. あらいぐま
4. スカンク
5. タヌキ

例題5

正解　5

　狂犬病予防法の検疫対象動物は「犬、猫、あらいぐま、きつね、スカンク」の5種の動物ですので、正解は選択肢5になります。このようにはっきりと正誤が判断できる選択肢の場合は「誤りはどれか」を使うことになります。

　では、次の例題ではどうでしょう。

例題 6

頸椎に関する記述として **適切でないのはどれか**。
1. 犬の頸椎は 7 つである。
2. 猫の頸椎は 7 つである。
3. 馬の頸椎は 7 つである。
4. 豚の頸椎は 7 つである。
5. 哺乳動物の頸椎は 7 つである。

正解　5

　例題 6 の場合、選択肢 1 ～ 4 はすべて正しく、記号で考えると○になりますが、選択肢 5 は正しくもあり、誤りにも解釈できるので△になります。それは、哺乳動物の多くは頸椎が 7 つですが、例外があり、ジュゴン目やアリクイ目に属す動物等は、頸椎が 7 つでないことが知られているからです。このように選択肢すべてが正しいように思える問題であっても、適切ではないといえる選択肢がありますので、「適切でないのはどれか」という設問文になります。

　国家試験では、選択肢の正誤、○×ばかりを考えるのではなく、ケースバイケースで正誤が変わる選択肢（△の選択肢）を意識する必要があることがわかりました。
　単純に正誤の判断ができるような問題は単純想起問題と呼ばれ、ある一定の知識があるだけで正解できる、簡単かつ単純な問題となります。このような問題では「正しいのはどれか」や「誤りはどれか」といった設問文を基本的に用います。
　一方で、選択肢の正誤がケースによって異なるような場合、つまり△の選択肢があるような場合、「適切なのはどれか」や「適切でないのはどれか」といった設問文を用いることになります。
　単純想起問題では、選択肢の正誤だけを意識して解けばよいのですが、「適切なのはどれか」や「適切でないのはどれか」といった設問文の問題の場合は、選択肢の内容をよく吟味し、ケースによって正誤が変わるような解釈ができることを理解しているかといった能力が要求されるのです。つまり、設問文の文章をきちんとチェックする癖を身につけ、設問文の意味を理解したうえで選択肢を考えることが国家試験では必要となるのです。

2 文脈効果に気をつけよう

　次は凡ミス、おっちょこちょいの防止策について学びます。一生懸命勉強して1問を正解する能力を身につけることは、もちろん大事ですが、一方で正解できる能力がありながら、ミスをして1問失うということがないような対策も必要となります。

　お財布にお金を入れることも大事ですが、財布に穴が開いていたら、意味がありません。財布にできた穴をふさぎつつ、お金を入れるから財布にお金がたまるのです。勉強も同じで、正解できる問題で正解できないというミスが起こらないようにしつつ、正解を重ねなければ総得点は上がらないのです。

　ミスしないようにといわれても、「自分はミスしない」「大丈夫だ」と思っていないでしょうか。実は、そう思っている人ほどミスをするのです。ここでは、典型的なミスにつながる文脈効果という知識を知り、国家試験でミスをなくす対策を考えたいと思います。

　図3-2を見てください。縦に読むと12、13、14と書いてあるように見えますが、横から読むとA、B、Cと書いてあるように見えてしまいます。中央の文字は同じ文字なのに、縦から読んだ場合と、横から読んだ場合とで、違う文字に見えてしまう。不思議ですが、これを文脈効果といいます。

図3-2

　文脈効果とは、簡単にいうと、前後の文の関係から推測して読んでしまうことで、私たちはこのような能力を使って普段は快適に生活しています。例えば電話で聞き取りにくい言葉があったとしても、前後の文字から推測して、この単語であろうと推測できてしまうわけです。「リ？ゴ」の？の部分が聞こえなくとも、たぶんリンゴといったのだろうという感じです。

　この文脈効果を普段から日常生活で活用しているため、試験等でも無意識に使ってしまうことがあり、それが試験では仇となって、ミスにつながってしまうのです。

　試験後に自己採点をしていると、何問かは「どうして、こんな選択肢を選んだのだろう？」「明らかに間違っていることに今は気づけるのに、どうして選んだのだろう？」といった感想をもつことがありますが、これが文脈効果でミスした問題なのです。

　特に、文脈効果によるミスを起こしやすい問題が、設問文を読み始めてすぐに「あっ、簡単な問題だ」「この問題知っている」「この問題、わかる」「この前勉強した、あの知識だ」といった感想をもつ問題となります。

　このような感想をもつと、その後の文章や選択肢にどのような文章があるかを集中して読まず、こういうふうに書いてあるはずだという思い込みで文章を読んでしまうのです。その結果、まったく違った文章が書いてあるのに、文脈効果で推測した文章と思い込んで問題を解くため、不正解と

なってしまうわけです。

　よく、テレビで早押しクイズがあります。知っている問題で早く答えたいと思うあまり、最後まで問題を聞かずにボタンを押してしまい、間違えてしまう人と同じ状況だと想像するとよいでしょう。

　この文脈効果による不正解を減らすためには、どうしたらよいのでしょうか。以下が文脈効果による不正解をなくす主な対策となりますので、問題を解く際には意識して問題を解くようにしましょう。

対策1　自分がミスをする人間であるという自覚をもつ（自信過剰ではなく、謙虚になる）

対策2　簡単な問題だという感想をもった問題ほど、注意して問題を読む（簡単な問題を早く答えて、難問に時間をかけたいという気持ちがミスを生む）

対策3　読み間違いが起こりそうな文章や単語には、アンダーラインを引いて確認する癖をつける

3　正答率の目標を立てよう

　獣医師国家試験では、合格基準が公表されています（以下参照）。一方、愛玩動物看護師試験の問題数や合格基準は2020年9月現在、未発表です。獣医師国家試験と同じではないと思われますが、一つの目安として参考にし、合格基準の考え方を身につけましょう。

獣医師国家試験の合格基準　

・学説A80問、学説B80問、実地C60問、実地D60問の合計280問（正答率60％以上で合格）
・必須問題50問（正答率70％以上で合格）
・学説と実地の合計得点と、必須問題の得点の双方で合格基準をクリアしたら合格（片方のみでは不合格）

　このような合格基準を提示されると、受験生は、合格基準を目安に勉強し、その基準を超えれば合格するのだと信じて頑張ります。しかし、ここに大きな落とし穴があるので、注意しましょう。

　人間は目標の手前に近づいてくると、脳が勝手に力をセーブしてしまう癖があります。小学校の運動会では、皆一生懸命走っているのですが、残念なことに多くの子がゴール直前でスピードが落ちてしまっているのをよく見かけます。

　本人はもちろん手を抜いているつもりはなく、全力を出しているので、注意しても修正はなかなかできません。なぜなら、これが脳の癖なのです。もうゴールが近いのだから何も全力を出すことはないじゃないか、力をセーブしてもゴールはできるじゃないか、全力を出してケガしたら意味がないじゃないか、といった判断を脳が勝手にしてしまうために、このようなことが起こるのです。

　しかし、ゴールまでスピードを落とさずに駆け抜ける方法があります。この脳の癖を逆手にとって、ゴール地点を変えてしまえばよいのです。50m走であれば、50mラインがゴールではなく、その先の60mをゴールだと思って走れば、50mまではスピードが落ちずに済むのです。要するに、脳をうまく騙すことが、ポイントになります。

　試験でも同じことが起きます。60％以上の点を取れば合格という目標を立てた場合、合格する人もいますが、一方で60％の少し手前の点数で伸び悩み、本番で数点足りなくて不合格になる人が

出てしまうのです。これは前述した脳の癖が出てしまったものと考えられます。

　ですから、獣医師国家試験の受験生には「学説と実地問題の正答率60％を目標にするのではなく、70％を目標に勉強するのがコツである」とアドバイスをしています。

　「70％以上なんて取れない、自分には無理」と考える人がいますが、この時点で勝負ごとに負けていることを自覚しましょう。高い目標を立てれば、誰でも達成できるわけではありませんが、高い目標を立てた人しか、高い目標には到達できないのです。

　「適当に歩いていたら、エベレストの頂上にいた」という人間はいません。エベレスト登頂を目標にしても、達成できない人がいるのは事実ですが、達成した人は全員、目標をエベレスト登頂にした人だけなのです。スポーツ選手で結果を出す選手の多くが、ビッグマウスで、皆が笑うような高い目標を掲げるのは、この脳の癖を知っているからだと思います。

　国家試験のような、自分の人生がかかっている大事な試験で、失敗はできません。背水の陣で臨むためにも、目標の正答率を高めに設定し、本気でそこを目指して勉強するべきなのです。

　この目標設定のテクニックは受験テクニックの中でも、最重要のテクニックの一つで、効果は絶大ですから、ぜひ身につけましょう。

4　国家試験の受験日をうまく活用しよう

　次は国家試験の受験日について、どのように考えるべきかについてです。受験日も正答率の目標と同じで、考え方を変えるだけで大きく結果が変わってくるものですから、勉強計画を立てる際にはぜひ、活用してください。

　国家試験のように毎年、定期的に試験を行う場合、1年以上前から来年の何月何日ごろに試験があるとわかっているものです。

　例えば2023年（令和5年）の2月に愛玩動物看護師の第1回国家試験が行われると発表された場合、その日を受験日と考えて勉強計画を立て、勉強をする人が多いのですが、そうすると失敗する可能性が高くなります。

　自分で受験日を勝手に変えてしまい、そこを目標に勉強計画を立ててしまいましょう。例えば、2月が受験日であれば、最低でも1、2カ月前の12月を受験日に設定してしまいます。そして、その自分で設定した受験日に照準を定めて勉強計画を立てるのです。

　勉強計画は往々にして、計画通りにはいきません。当たり前ですが、日々の生活では予期せぬことが毎日のように起こります。急に冠婚葬祭が入りますし、インフルエンザやノロウイルス等の感染症も前触れなく、やってくるものです。このような予期せぬ出来事がいつ起こるかを計画に入れることはできませんから、当然、自分の勉強計画は計画通りに進まず、アクシデントが起こるたびに、計画がくずれるものなのです。ポイントは、これらの計画くずれを想定外にするのではなく、想定内にすることなのです。

　誰しもが、人との付き合いで急な用事が入るのは普通ですし、病気やケガがいつかは起こりそうだと想定はできます。しかし、いざ勉強計画を立てる際には、病気等のアクシデントが何も起こらないという前提で計画を立てるのが、そもそもの間違いの始まりです。

　これらのアクシデントが起こることを、まず想定内にしておきましょう。そして、計画通りにいかず計画が遅れ、最悪計画がずれ込んでも困らないようにしておけばよいだけなのです。

　想像してみてください。受験日が近づき、勉強計画通りに勉強が進んでおらず、成績もイマイチ上がっていない。そのような時期にインフルエンザにかかったら……と。

　受験日を早めに設定しておかないと、アクシデントに対応できません。受験日直前にイライラ、ピリピリし、自滅しないために、ぜひ受験日の設定を早めにし、そこに照準を定めた勉強計画を立てるようにしましょう。

5　試験に慣れ、総得点に一喜一憂しないこと

　国家試験では、勉強した成果を確認することが大切です。第1回の愛玩動物看護師国家試験に過去問題はありませんが、認定試験の過去問題や予想問題を掲載した書籍等を使って、本番を意識した試験を何度も経験しておくことは、やはり大切です。

　にもかかわらず、試験するのをためらう受験生がいます。この傾向は年齢が高くなるほど強くなり、本番まで一度も試験らしいものを体験せずに受験する人まで出てきてしまいます。その理由はただ一つ、「試験をして点数が取れないと落ち込むから」です。

　幼い子ども時代には試験を半ば強制的に受けさせられ、たいていの子どもがイベント感覚で試験を受験してきました。その際には他者から自分の能力を評価され、他人と比較されることもたくさんあったにもかかわらず、成人して大人になるにつれて、他者と比較するのが怖く、耐えられなくなってくるのです。

　例えばスポーツ……、何でもよいのですが、サッカーで考えてみましょう。大きな試合での優勝を一つの到達目標に設定し、子どものサッカーチームが毎日練習をしていたとします。そのサッカーチームの監督に自分がなったとき、チームの子どもがいいました。「監督、本番前の試合で負けて自信を失いたくないから、練習試合には出たくないです」といわれたら、どのようにあなたはアドバイスするでしょうか。

　「そうですね、では練習試合は一切せず、本番の試合に出ましょう」という監督はいないと思います。練習試合に出て、仮に負けたとしても本番ではないのですから、負けても次につながる教訓にすれば何の問題もありません。また、練習試合に出てみないとわからなかった問題点や課題、修正点というものが必ずあるもので、これは事前に知ることにこそ、意味があるものです。

　国家試験直前まで、練習に当たる勉強だけをし、実戦経験がないまま受験するのは、冷静に考えて無謀です。事前に試験を受け、点数が悪かったから落ち込むのではなく、点数が悪かったのはなぜか、何がいけなかったのか、自分の弱点は何か、点数が取れなかった教科や分野は何なのかを考えるのです。そして、そのような気づきがない限り、勉強計画の細かな修正ができないことを忘れてはなりません。

　まずは、自分を試す試験を恐れずに受けること。次に総得点で一喜一憂するのをやめること。点数がよくて喜べば、油断や慢心が出て、足元をすくわれます。点数が悪く落ち込めば、やる気をなくし、邪念が湧き出て勉強の妨げになるものです。途中経過である試験の総得点は一喜一憂するために受けたのではありません。冷静に試験結果を分析し、未来に活かすために受けるものなのです。

6　合格する受験生の理想的な心境を知ろう

　合格するには、試験当日の精神状態も重要です。実力があったとしても、緊張のあまり実力を発揮できないことがあるのは、スポーツでよくみかける光景です。国家試験でも同じで、獣医師国家試験では、毎年のように「なぜあの人が不合格に？」「まさかあの人が合格するとは！」といった事前の評価と異なる結果が出てしまうのですが、これは精神状態によるところが大きいと考えています。

　例えば10が合格ラインで、11の実力のある人がいたとしましょう。試験当日、11の実力のある人が緊張しすぎて、実力を発揮できず9の力しか出せずに不合格になってしまうというイメージを

するとわかりやすいでしょう。

　では、緊張しないようにすればよいかというと、そうでもありません。緊張しなさすぎるのも、よい結果を生まないものなのです。

　まず緊張しすぎる場合の対策を考えます。そもそも、ここぞという大一番で緊張しないほうがおかしいのです。緊張するなとアドバイスしても、無理なので、緊張することを否定しても意味がありません。

　そこで、考え方を変えましょう。人間ですから、大一番で緊張するのは当たり前、適度に緊張しようと考えるのです。考え方として、適度な緊張と緊張しすぎ（過度の緊張）は異なることを意識するのです。国家試験のような試験では、試験前に緊張はするけれど「どんな問題が出るか楽しみ」「何かワクワクするな」という感覚を伴っていれば、よい状態、すなわち適度な緊張といえます。

　一方で、緊張の度が過ぎると「焦り、うろたえ、力み」というものが前面に出てしまい、ベストパフォーマンスは期待できなくなります。また、緊張しなさすぎると「あきらめ、なげやり、雰囲気にのまれる」といった状態になり、こちらもパフォーマンス低下は必至です。

　チームスポーツで自分にチャンスが巡ってきたとき、結果を出す選手は「ここで、結果を出したらカッコいいな」という感情でチャンスを捕らえますが、結果を出せない選手は「失敗したらどうしよう」や「ここで結果を出さないとまずい」と思ってしまいがちです。同じ状況にいても、どのようにその状況を捉えるかで、結果が変わってしまう一例といえるでしょう。

　愛玩動物看護師国家試験当日、合格レベルに学力が到達していることも重要ですが、同時に精神的にも合格する人の精神状態に到達することも大事です。学力というものは、勉強しても、手ごたえを感じるのが難しく、目に見えないものです。そのため、学力が上がっていたとしても、不安になりがちなのですが、一方で、精神状態は把握しやすく、自分がどういう状態かチェックしやすいものです。勉強していて、「どんな問題が出るかな？」「早く試験にならないかな？」と思えるところまで勉強をするという到達目標をもつことも、受験テクニックなのです（**図**3-3参照）。

図3-3

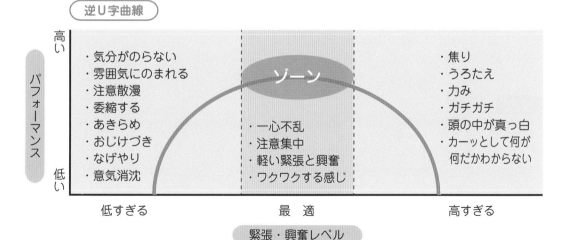

第4章

予想問題 「関連法規」

2020年9月時点では、まだ愛玩動物看護師国家試験の出題範囲は公表されていません。獣医師国家試験では全330問中、法律問題が最低でも10問は出題され、国際条約の問題や選択肢の一部が法律についての知識を問う問題等も含めると、全問題の約4〜5％を法律がらみの問題が占めます。それらを参考にすると、愛玩動物看護師国家試験でも法律がらみの問題が同じくらいの割合で出題されるのではないかと推測できます。

そこで本章では、愛玩動物看護師の資格や業務内容に関係の深い法律や条約、環境省や農水省と関係がある条約について、解説付きの予想問題を解きながら、ポイントを把握していきます。

特に現在、すでに動物看護師として働いている方は、在学生に比べ、これら法律がらみの問題が一番苦手分野なのではないでしょうか。在学時に学んだ内容が、法改正で変わっていることもあるため、改正点等にも留意して勉強していただければ幸いです。

注意：本書の発刊以降に法改正が行われることがありますので、愛玩動物看護師国家試験の受験前には総務省の提供する「e-Gov法令検索」で確認をしましょう。「e-Gov法令検索」では、各府省が確認した法令データをインターネット上で提供しており、誰でも無料で閲覧できます。

1 愛玩動物看護師法

問題1

愛玩動物看護師法で定める愛玩動物の記述として正しいのはどれか。

1. 犬のみ
2. 猫のみ
3. 犬とその他政令で定める動物
4. 猫とその他政令で定める動物
5. 犬、猫その他政令で定める動物

正解　5

解説

愛玩動物看護師法の愛玩動物とは、「獣医師法第十七条に規定する飼育動物のうち、犬、猫その他政令で定める動物」を意味します（同法第二条）。

2020年9月時点で、その他政令で定める動物は、未定です。しかし、今後は具体的な動物種（小鳥等を予定）が決定しますので、それらの動物種が決まったら、第1回愛玩動物看護師国家試験前に、必ずすべて覚えるようにしましょう。

また、愛玩動物看護師法の愛玩動物の基準が、獣医師法の飼育動物の定義であることがわかりましたので、獣医師法の飼育動物が何なのかという問題が出されるのではないか、比較されるのではないか、と予想するのが国家試験の正しい勉強の仕方になります。一つの知識を知っていたかどう

か、正解できたかどうかで一喜一憂せず、こういった知識を問われたら、こういった問題も出るかもしれないと考える癖を身につけましょう。

愛玩動物看護師法で定める愛玩動物看護師の記述として適切なのはどれか。
1. 愛玩動物看護師以外は、愛玩動物看護師の名称を名乗ってはいけない。
2. 愛玩動物看護師以外は、動物病院で受付業務をしてはいけない。
3. 愛玩動物看護師以外は、動物病院で働いてはいけない。
4. 愛玩動物看護師以外は、入院動物の世話をしてはいけない。
5. 愛玩動物看護師以外は、動物の飼養管理をしてはいけない。

正解　1

解説

　愛玩動物看護師法で定める愛玩動物看護師の資格は、名称独占の資格であるため、愛玩動物看護師以外が名称を名乗ることはできません（第1章p.9参照）。また、愛玩動物看護師の業務のうち、獣医療の「診療の補助」だけは業務独占、つまり愛玩動物看護師以外は、獣医療の「診療の補助」はできません（獣医師を除く）が、それ以外の業務内容である受付、飼養管理、入院動物の世話等は、愛玩動物看護師以外もできる業務になります。

　資格があると「何ができて、何ができないのか」、資格がないと「何ができて、何ができないのか」の双方を必ず覚えましょう。

愛玩動物看護師のみができる業務内容として適切なのはどれか。
1. 動物病院の受付
2. 動物病院内の清掃
3. 飼い主からの相談への対応
4. 獣医療の「診療の補助」
5. 動物病院の経営

正解　4

解説

　問題2と類似の知識を問う問題です。とにかく、獣医療の「診療の補助」のみが愛玩動物看護師が独占できる業務であることを覚えましょう（第1章p.6参照）。ちなみに、動物病院の経営には、特に資格はいりません（獣医療法）。昔は獣医師が経営者かつ院長という個人経営の動物病院が多くありましたが、最近は企業経営の動物病院が増えてきていることを思い出しましょう。

問題 4

愛玩動物看護師のみができる業務内容として**適切でないのはどれか**。

1. 獣医師の指示の下に行われる採血
2. 獣医師の指示の下に行われるカテーテル採尿
3. 獣医師の指示の下に行われる猫の避妊手術
4. 獣医師の指示の下行われる犬へのマイクロチップ挿入
5. 獣医師の指示の下に行われる薬物経口投与

正解 3

解説

　問題2、問題3の応用問題です。愛玩動物看護師の業務独占である、獣医療の「診療の補助」とは、具体的に何なのかを問う問題です（第1章p.6参照）。キーワードは「獣医師の指示の下に行われる」です。また獣医師のみにしかできない業務内容も、本問題では問われていることを理解してください。繰り返しますが、資格があると「何ができて、何ができないのか」、資格がないと「何ができて、何ができないのか」を必ず覚えましょう。また、愛玩動物看護師であっても、獣医師の指示がないと、採血やカテーテル採尿ができないことも覚えましょう。

　国家試験では、そっくり同じ問題が出題されることは、まずありません。同じ知識を問う問題でも、少し変えて問うわけです。問題2、3、4を順番に並べましたが、同じ知識を問う問題でも、さまざまな問い方、出題のバリエーションがあることがわかったと思います。こういった問題が出るかもと予想できるようになったら、合格は近いです。

問題 5

愛玩動物看護師法で定める相対的欠格事由に**該当しないのはどれか**。

1. 麻薬中毒者
2. 罰金以上の刑に処せられた者
3. 愛玩動物看護師の業務に関し、犯罪行為をした者
4. 人獣共通感染症の罹患者
5. あへん中毒者

正解 4

解説

　まず、用語を覚えましょう。欠格事由とは、資格（免許）を取り消されてしまう条件のことです。欠格事由には、絶対的欠格事由と相対的欠格事由の2つがあります。絶対的欠格事由は、その条件があれば絶対に愛玩動物看護師の免許は与えないという条件を意味します。一方で、相対的欠格事由は、その条件があれば、愛玩動物看護師免許を与えない場合も、与える場合もあるという意味になります。つまり一発アウトが絶対的欠格事由、ケースバイケースで判断されるのが相対的欠格事由ということです。

　愛玩動物看護師法では、絶対的な欠格事由は明記されていませんが、相対的欠格事由が同法第四条に示されています。

第四条　次の各号のいずれかに該当する者には、免許を与えないことがある。
一　罰金以上の刑に処せられた者
二　前号に該当する者を除くほか、愛玩動物看護師の業務に関し犯罪又は不正の行為があった者
三　心身の障害により愛玩動物看護師の業務を適正に行うことができない者として農林水産省令・環境省令で定めるもの
四　麻薬、大麻又はあへんの中毒者

　愛玩動物看護師の場合、第四条の条件に該当した場合、仮に愛玩動物看護師国家試験に合格したとしても、免許をもらえない可能性があります。また、愛玩動物看護師として働いた後に、この条件に該当した場合は、免許を剥奪される可能性があります。国家資格ですから、法律を守らない人に免許を与えるわけにはいかないという、単純な理由です。多くの方には無関係なことばかりですが、国家試験ではよく問われる典型的な知識ですので、必ず覚えましょう。

　また、「心身の障害により愛玩動物看護師の業務を適正に行うことができない者として農林水産省令・環境省令で定めるもの」は、未定ですが、発表後には必ず目を通して覚えるようにしましょう。

問題 6

愛玩動物看護師に関する記述として正しいのはどれか。
1.　愛玩動物看護師国家試験合格発表当日に、愛玩動物看護師とみなされる。
2.　愛玩動物看護師国家試験合格者は、合格証明書の受理をもって愛玩動物看護師とみなされる。
3.　愛玩動物看護師国家試験に合格した者は、その年の 4 月 1 日から愛玩動物看護師とみなされる。
4.　愛玩動物看護師は、周囲からその名称で呼ばれたとき、はじめて愛玩動物看護師としてみなされたことになる。
5.　愛玩動物看護師とみなされるのは、愛玩動物看護師名簿に登録されたときである。

正解　5

解説

　愛玩動物看護師法第3条において、愛玩動物看護師になろうとする者は愛玩動物看護師国家試験（以下「国家試験」という）に合格し、農林水産大臣及び環境大臣の免許を受けなければならず、また法第6条において、免許は、試験に合格した者の申請により、愛玩動物看護師名簿に登録することによって行う、とあります。

　このため、愛玩動物看護師名簿に登録されなければ、免許の交付を受けたことにならず、愛玩動物看護師として働くことはできません。身分（資格）が成立するのがいつの時点であるかを問う問題ですが、これも国家試験ではお約束の出題知識です。

　合格発表後に、きちんと所定の手続きをし、愛玩動物看護師名簿に登録されてはじめて、愛玩動物看護師になれます。合格発表後にうかれて、手続きをしなければ、愛玩動物看護師にはなれませんので、注意しましょう。

第 1 章

第 2 章

第 3 章

第 4 章

第 5 章

問題 7

結婚後、苗字が変わった愛玩動物看護師の法的な対応として適切なのはどれか。
1. 苗字変更後 30 日以内に、農林水産大臣及び環境大臣に申請する。
2. 苗字変更後 10 日以内に、農林水産大臣及び環境大臣に申請する。
3. 苗字変更後 30 日以内に、法務大臣に申請する。
4. 苗字変更後 10 日以内に、法務大臣に申請する。
5. 苗字変更後 30 日以内に、内閣府に申請する。

正解　1

解説

　愛玩動物看護師名簿登録事項の訂正に関する問題です。訂正をする必要があるケースで最も多いのが、結婚後の苗字変更です。もしも苗字が変わった場合は、忘れずに手続きをしましょう。この知識も、国家試験ではお約束の問題で、定期的に必ず出題されるはずです。「いつまでに（30 日以内）」と「どこに（農林水産大臣と環境大臣）」の 2 点を必ず覚えましょう。

2 獣医師法

問題 1

獣医師法で定める飼育動物に**該当しないのはどれか**。
1. ウサギ
2. 犬
3. うずら
4. 鶏
5. 馬

正解　1

問題 2

獣医師でなければ**診療できない動物はどれか**。
1. カメ
2. キンギョ
3. しか
4. 猫
5. フェレット

正解　4

解説

　獣医師法では、獣医師でなければ、飼育動物の診療を業務としてはならないという業務独占規定があります。その飼育動物とは、牛、馬、めん羊、山羊、豚、犬、猫、鶏、うずらその他獣医師が診察を行う必要があるものとして政令で定めるものに限る、とあり、現在政令で定めるその他にはオウム科全種、カエデチョウ科全種、アトリ科全種の小鳥が入ります。

　まず、問題 1 と 2 は、同じ知識を問う問題だということを理解します。獣医師でなければ診療できない動物＝獣医師法の飼育動物なので、どのように問われても大丈夫なようにしておきましょう。

　次に念のため、オウム科全種、カエデチョウ科全種、アトリ科全種が具体的にどのような小鳥に該当するのか、確認をしておきましょう（オウム科にはコバタンやオカメインコ等、カエデチョウ科にはブンチョウ等、アトリ科にはカナリア等の小鳥がいます）。

　第 1 章 p.8 で述べましたが、愛玩動物看護師法で定める愛玩動物は、獣医師法の飼育動物から選定されますので、その関係性も頭に入れておきたいものです。

問題 3

診療簿（カルテ）の保存期間が 8 年の動物はどれか。

1．犬
2．ウサギ
3．猫
4．豚
5．牛

正解　5

問題 4

次のうち、検案簿の保存期間が**異なる**動物はどれか。

1．馬
2．ハムスター
3．フェレット
4．豚
5．山羊

正解　5

問題5

犬のカルテ保存期間として正しいのはどれか。
1. 8年
2. 7年
3. 5年
4. 3年
5. 1年

正解　4

問題6

検案簿の保存期間と動物種の正しい組合せはどれか。
1. 牛 … 5年
2. 猫 … 3年
3. 馬 … 8年
4. 豚 … 8年
5. 犬 … 5年

正解　2

解説

　獣医師法では、診療簿と検案簿の保存期間を牛、水牛、しか、めん羊、山羊が8年間、その他の動物は3年間と定めています。一般的にはこれを、カルテ保存義務と呼んでいます。

　まず用語の確認からしておきましょう。診療簿とは、カルテのことですから、カルテ保存義務は診療簿保存義務のことになります。どちらで問われてもわかるようにしておきましょう。また、死体に対し確認等を行うことを検案といいますが、その検案の記録が検案簿になります。診療簿、検案簿、カルテ、この3つの名称に対応できることが大事です。

　次は、問われる知識のポイントを確認します。問われるのは「保存期間（何年？）」と「動物種」です。結論からいいますと、保存期間が8年の動物と3年の動物に大きく分類でき、8年保存の動物は、牛、水牛、しか、めん羊、山羊のみで、この5種以外はすべて3年保存となります。ですから、覚えるのは8年保存の動物のみを覚え、それ以外は3年保存という覚え方が効率的です。p.37の「ごろごろ覚える」を参考に8年保存の動物5種を完璧に覚えてしまいましょう。

　最後に、出題バリエーションについてです。問題3から問題6は、すべて同じ法的知識を問う問題ですが、バリエーションが大きく4パターンあることがわかります。「正しい」「誤り」を変えればバリエーションは、もっと増えますが、とにかく出題パターンを頭に入れ、どのパターンで出題されても正解できるように練習をしてほしいと思います。

　保存期間から動物種を問われる出題方法、動物種から保存期間を問われる出題方法、仲間外れを見つける出題方法、動物種と保存期間の組合せを選ばせる出題方法の4つがメインの出題方法です。

第1章

第2章

第3章

第4章

第5章

 **ちょっとひとこと**

　カルテは法的に保存が義務づけられている書類だから大切に扱うという考え方でもよいのですが、本来は「カルテは、飼い主と動物の財産だから大切に扱う」という考え方をすべき書類です。ですから、カルテを汚す、紛失する、破損する等は、論外となります。

　私たちは日常、自分たちで記入し、保存している書類なので、自分たちの所有物という錯覚に陥りがちですので、注意しましょう。飼い主と動物の代わりに、お預かりしているという意識をもたないといけません。イメージとしては、皆さんのお金を預かる銀行が動物病院にあたると考えればよいですね。

　また、伝達性海綿状脳症の潜伏期間が2〜8年と長いため、牛、水牛、しか、めん羊、山羊の保存期間が8年となっている関係性も必ず理解してください（家畜伝染病予防法の法定伝染病である伝達性海綿状脳症の対象動物は、牛、水牛、しか、めん羊、山羊の5種）。

 ごろごろ覚える

カルテと検案簿保存期間のゴロ

カルテは要用、しかし8年保存でギュウギュウ

要………めん羊
用………山羊
しかし…しか
ギュウ…生
ギュウ…水牛

※要用とは、重要・大切という意味

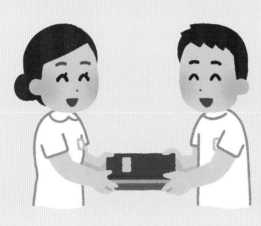

ギュウギュウ

問題 7 獣医師法で定める獣医師の義務に**該当しないのはどれか**。

1. 応召義務
2. 検案簿保存義務
3. 保健衛生指導義務
4. 動物虐待通報義務
5. ２年ごとの届出義務

正解　4

解説

　選択肢は、いずれも獣医師の義務として正しいですが、動物虐待の通報義務だけは、獣医師法ではなく、動物の愛護及び管理に関する法律で定めた獣医師の義務になります。

　獣医師法では、獣医師にさまざまな義務を課していますが、特に応召義務と診療簿・検案簿の保存義務は、愛玩動物看護師の業務内容と密接に関係するので、必ず覚えておきましょう。

　診療簿と検案簿の保存義務は先に説明しましたので、ここでは応召義務について確認します。獣医師法では「診療を業務とする獣医師は、診療を求められたときは、正当な理由がなければ、これを拒んではならない」という規定があり、これを一般的に応召義務と呼んでいます。まず注意したいのは、獣医師全員ではなく、診療を業務とする獣医師のみが対象という点です。

　次は、正当な理由について考えてみます。正当な理由がなければ診療を拒否できない、ということは裏を返すと、正当な理由があれば拒否できることになります。「獣医師が病気で診療できない」「獣医師が不在で診療できない」等は、正当な理由になると考えられます。

　一方で、「診療費、治療費等の不払い」「診察時間外」等は、診療拒否できる正当な理由と認められない可能性が高いので、注意してください。愛玩動物看護師の勝手な判断で、診療を断ることのないように、正しく覚えましょう。

3　獣医療法

問題 1 獣医療法施行規則において管理区域と定められている場所の説明として正しいのはどれか。

1. 実効線量が１月間につき 1.3 ミリシーベルトを超えるおそれのある場所
2. 実効線量が３月間につき 1.3 ミリシーベルトを超えるおそれのある場所
3. 実効線量が１月間につき 1.3 シーベルトを超えるおそれのある場所
4. 実効線量が３月間につき 1.3 シーベルトを超えるおそれのある場所
5. 実効線量が１月間につき 13 ミリシーベルトを超えるおそれのある場所

正解　2

解説

獣医療法の問題です。この法では「診療施設の管理者は、実効線量が3月間につき1.3ミリシーベルトを超えるおそれのある場所を管理区域とし、当該区域にその旨を示す標識を付さなければならない。」と定めています。簡単にいいますと、エックス線等の危険な放射線をよく使う危ない場所は、ほかの場所と違って区別し、注意喚起を促してくださいということです。

昨今では、多くの動物病院にエックス線等の放射線を用いた検査機器等がありますが、いずれも大変危険なものです。飼い主や動物が間違って管理区域に立ち入らないよう、注意する必要が愛玩動物看護師にはあるため、知識として問われるのだと理解しましょう。

このような問題は、逆方向から問われることが多々あります。「実効線量が3月間につき1.3ミリシーベルトを超えるおそれのある場所を何というか」という、逆に問われるパターンも意識して勉強するのを忘れずに。

また、「3月間（3カ月間のこと）」で「1.3ミリシーベルト」という細かい数字まで、必ず覚えるようにしましょう。

問題2

獣医療法で定める管理区域に関する記述として**誤りはどれか**。

1. 診療施設の管理者は、誰でも管理区域内に入れるような措置を講じなければならない。
2. 管理区域には、管理区域である旨及び立入禁止区域である旨を示す標識を第3者にもわかりやすく表示しなければならない。
3. 管理区域は、境界を遮へい壁や遮へい物で区画したり、床上に白線を引く等、必要のある者以外が立ち入らないようにしなければならない。
4. 一時的に実効線量が基準値を超えるおそれがある場合、その場所も一時的に管理区域として定める必要がある。
5. 実効線量が3月間につき1.3ミリシーベルトを超えるおそれのある場所を管理区域と定めなければならない。

正解　1

解説

同じく、獣医療法の管理区域の問題です。管理区域は、文字通り管理しなければならない危険な区域ですので、業務中にどのような管理が必要なのかの知識を主に問う問題になっています。

当然ですが、立ち入り禁止の表示等は永久ではありません。汚れたり、破損したり、落下したりすることがあります。こういったアクシデントが起きたとき、見て見ぬふりをするような愛玩動物看護師では困りますから、あらかじめ出題されるのだと準備しておいてください。

問題3

エックス線撮影従事者の女子における個人線量計装着部位として適切なのはどれか。

1. 頭部
2. 頸部
3. 胸部
4. 腹部
5. 下肢

正解　4

解説

エックス線撮影やCT検査に携わる愛玩動物看護師は、個人線量計を用いて被曝のモニタリングをしなければなりません（獣医療法）。個人線量計の装着部位は、原則、男子が胸部、女子が腹部となります。愛玩動物看護師は女性が多いでしょうが、男子の装着部位も必ず覚えましょう。

問題4

放射線診療従事者の女子の線量限度の正しい記述はどれか。

1. 妊娠可能な女性の線量限度は、3月間で5ミリシーベルトである。
2. 妊娠可能な女性の線量限度は、年間で5ミリシーベルトである。
3. 妊娠可能な女性の線量限度は、3月間で500ミリシーベルトである。
4. 妊娠可能な女性の線量限度は、年間で500ミリシーベルトである。
5. 妊娠可能な女性の線量限度は、3月間で100ミリシーベルトである。

正解　1

解説

放射線診療従事者である女子の線量限度は、「4月1日、7月1日、10月1日及び1月1日を始期とする各3月間について5ミリシーベルト」と定められています（獣医療法）。

線量限度は、条件で異なりますが、特に出題されやすいのが、女性の妊娠にからむ知識です。以下の表はすべて大事ですが、特に妊娠可能な女性と妊娠中の女性の線量限度は母体と胎児を守るため、必ず覚えておきましょう。

▼線量限度（獣医療法施行規則　第13条）

	実効線量	等価線量	
	全身	皮膚	眼の水晶体
放射線診療従事者等	5年間で100 mSv（年平均として20 mSv）最大50 mSv/年	500 mSv/年	150 mSv/年
緊急時	100 mSv	1 Sv	300 mSv
妊娠可能である女性	5 mSv/3月間	500 mSv/年	150 mSv/年
妊娠中である女性	内部被曝について1 mSv（妊娠を知った時期から出産まで）	500 mSv/年	150 mSv/年
		腹部表面で2 mSv（同左）	

「獣医核医学に係わるガイドライン等」〈（公社）日本中医学会〉より

第1章

第2章

第3章

第4章

第5章

問題 5

獣医療法において定めるエックス線診療従事者に係る線量記録の保存期間はどれか。

1. 10 年
2. 8 年
3. 5 年
4. 3 年
5. 1 年

正解　3

解説

　獣医療法では、エックス線診療従事者に関わる線量記録の保存期間を 5 年と定めています。理由はいたって単純ですが、p.40 の表にありますように放射線診療従事者等の線量限度が 5 年間で 100 ミリシーベルトとなっているからです。獣医師法の診療簿・検案簿の保存期間と混同しやすいので、注意して覚えましょう。

ちょっとひとこと

　放射線の知識は、主に飼い主や動物を守るための知識と、自分を守る知識の 2 つの観点を意識して勉強しましょう。予想問題以外の知識でも、放射線がらみの法的な知識は、やはり一通りの勉強が必要です。
　「細胞周期」「晩発障害と急性障害」「確率的影響と確定的影響」「臓器・組織の放射線感受性」といった基礎学問の知識、「散乱線を防ぐ方法」「放射線防護の 3 原則」「防護服の着用」等の応用の知識は、認定試験でも何度も出題されましたが、愛玩動物看護師国家試験でも、引き続き定期的に出題されるはずです。なぜこれらの知識が問われるのか、暗記するのではなく、法の知識をからめながら理解するようにしましょう。

問題 6

動物病院の開設者の届出に関する正しい記述はどれか。

1. 動物病院開設日から 10 日以内に、農林水産大臣に届出なければならない。
2. 動物病院開設日から 10 日以内に、都道府県知事に届出なければならない。
3. 動物病院開設日から 10 日以内に、市町村長に届出なければならない。
4. 動物病院開設日から 30 日以内に、農林水産大臣に届出なければならない。
5. 動物病院開設日から 30 日以内に、都道府県知事に届出なければならない。

正解　2

解説

　飼育動物診療施設（動物病院）の開設者は、獣医療法第 3 条の規定に基づき、開設、変更、廃止等の事由が生じた日から 10 日以内に都道府県知事に届出をしなければなりません。なお、届出の義務を怠った場合、罰則が科せられる場合がありますので、速やかに届出ましょう。

第 1 章
第 2 章
第 3 章
第 4 章
第 5 章

この問題の知識は、愛玩動物看護師に関係なさそうに思えますが、大きく関わっていることを理解してください。まず、動物病院開設者は獣医師でなくともよいので、愛玩動物看護師が開設者になることがあります。また、開設者が病気になったり、死亡することもあります。災害等で廃業や休業することは、災害の多い日本では、十分に想定しておくべきですので、ルールを熟知しておきましょう。覚えるポイントは「日数（10日以内に）」と「届出先（都道府県知事）」です。

問題7

動物病院の広告として差し支えのないものはどれか。
1. フェレットのジステンパー予防注射を行います。
2. 猫の避妊手術を行います。
3. 犬の去勢手術を○○円で行います。
4. 牛の去勢手術を行います。
5. MRI検査で腫瘍診断をします。

正解　2

解説

　獣医療法の広告の問題です。医師や獣医師の仕事は、過剰な宣伝・広告をすべきではないと考えられるため、広告に制限があるので注意しましょう。例えば、テレビCMで美容整形外科の病院のCMを見ることがあると思いますし、駅のホームで病院の看板等を見ることがあると思います。それを思い出しながら、何が広告OKで、何がNGなのかを覚えましょう。

　まず手術の広告は原則、NGですが、例外的に認められているのが「犬と猫の去勢・不妊手術」です。ただし、金額を広告するとNGになりますので、注意しましょう。つまり「犬の去勢手術をします」はOKですが、「犬の去勢手術を○○円でします」はNGです。また、認められているのは犬と猫のみで、ほかの動物種は認められていません。よって「牛の去勢手術をします」はNGです。

　次に、予防注射ですが、フィラリア症の予防と狂犬病等のワクチンは、費用（値段）を広告しなければOKですが、注意してほしいのが対象動物です。現在、フェレット用のジステンパーワクチンはありませんので、これを広告すると、「医薬品、医療機器等の品質、有効性及び安全性の確保等に関する法律」に抵触してしまいます。

　最後に、検査機器等を所有していること（もっていること）は広告可能ですが、その機器で何をするかについて広告することはできません。「MRIを導入しました」はOKですが、「MRIを導入し、悪性腫瘍をみつけます」はNGです。

　美容整形外科のCMでは、費用（値段）、手術内容等は広告しておらず、単純に病院の名前を連呼しているだけです。駅のホームでみえる病院の看板に書いてある院長名、休診日、診療時間等の情報は広告OKです。普段から、それらを意識することで、何がOKで、何がNGなのか覚えられますので、参考にしてください。

ちょっとひとこと

　獣医療法は、大変大きな法律なので、さまざまな法的知識が必要です。動物病院で働き、獣医療に関わる愛玩動物看護師が精通していなければならない法律であることは確かですが、国家試験の勉強効率を考えると、ポイントを絞って勉強することをお勧めします（合格後は、獣医療法すべてに目を通しましょう）。

　ポイントは三つです。一つ目はエックス線を中心にした放射線がらみのルール、二つ目は動物病院（診療施設）の開設・休業・廃業等の届出ルール、三つ目が広告のルールです。この三つは、必ず勉強しておきましょう。

4　動物の愛護及び管理に関する法律

問題1

動物の愛護及び管理に関する法律で定める愛護動物はどれか。
1. 人が飼育している金魚
2. 人が飼育しているあひる
3. 人が飼育しているカエル
4. 人が飼育しているクワガタムシ
5. 人が飼育しているアリ

正解　2

問題2

動物の愛護及び管理に関する法律で定める愛護動物に**該当しないのはどれか。**
1. 食肉用として飼育されている鶏
2. 競走馬として飼育されている馬
3. 実験動物として飼育管理されているマウス
4. 動物園で飼育されているライオン
5. ペットとして飼育されている熱帯魚

正解　5

解説

　動物の愛護及び管理に関する法律で定める愛護動物の定義は「牛、馬、豚、めん羊、山羊、犬、猫、いえうさぎ、鶏、いえばと、あひる、その他人が占有している動物で、哺乳類、鳥類、または爬虫類に属するもの」となります。よって魚類、両生類は人が飼育していても愛護動物に該当しませんし、昆虫も該当しません。

　愛護動物には実験動物や産業動物も該当します。そのため、3Rや5つの自由等の知識を問われる問題も出題されることがありますので、しっかりと勉強しましょう。

問題3

動物の愛護及び管理に関する法律で定める特定動物はどれか。
1. うさぎ
2. 犬
3. 猫
4. ハムスター
5. ゾウ

正解　5

第2章

解説

　動物の愛護及び管理に関する法律で定める特定動物とは、一般的に危険で、めったに出会わない動物（動物園にいるような動物）だと考えて問題を考えるとよいでしょう。よって選択肢のゾウが正解となります。

　動物の愛護及び管理に関する法律では、愛護動物の定義と特定動物の定義が混同しやすいので、注意しましょう。

　また特定動物については、一定の基準を満たした「鑑型施設^{おり}」等で飼養保管し、逸走を防止できる構造及び強度を確保する、定期的な施設の点検を実施する、第三者の接触を防止する措置をとる、特定動物を飼養している旨の標識を掲示する、施設外飼養の禁止、マイクロチップ等による個体識別措置をとる（鳥類は脚環でも可能）といった義務が飼育管理者には課せられることも覚えておきましょう。

問題4

次のうち、動物虐待に**該当しない行為**として適切なのはどれか。
1. 動物の世話をせず放置する。
2. 動物を蹴る。
3. 動物を酷使する。
4. 動物に恐怖を与える。
5. 動物の好物を与える。

正解　5

解説

　動物の愛護及び管理に関する法律では、動物の虐待について定義し、具体例を挙げています（p.45上の表参照）。また、獣医師には、今までは努力義務として扱われてきましたが、虐待を見つけた場合は通報する義務が課せられました。当然ですが、愛玩動物看護師も動物虐待に気づける立場ですので、動物虐待とは何かだけでなく、虐待を見つけた場合の法的な対応も頭に入れておきたいものです。

積極的（意図的）虐待	ネグレクト
やってはいけない行為を行う、行わせる	やらなければならない行為をやらない
・殴る、蹴る、熱湯をかける、暴力を加える、酷使すること　等	・健康管理をしないで放置
・身体に外傷が生じるおそれのある行為だけでなく、心理的抑圧、恐怖を与える行為も含む	・病気を放置
	・世話をしないで放置　等

「平成30年度動物の虐待事例等調査報告書」（環境省）より

問題5

2019年6月に改正された動物の愛護及び管理に関する法律においての記述として**適切でないのはどれか。**

1. 犬と猫の販売業者等には、犬と猫のマイクロチップ装着が義務となった。
2. 犬と猫の販売業者等には、マイクロチップの情報登録が義務となった。
3. 一般の飼い主には、犬と猫のマイクロチップ装着が義務となった。
4. マイクロチップを装着した一般の犬と猫の飼い主は、その情報登録が義務となった。
5. マイクロチップを装着した犬と猫を譲り受けた者は、変更登録が義務となった。

正解　3

解説

　2019年6月に改正された動物の愛護及び管理に関する法律のなかでも、犬と猫へのマイクロチップの装着に関するルールは大変重要です。しかし、3年以内に施行の法改正内容であるため、このルールが適用開始となるのは、遅くとも2022年6月までとなりますので、注意しましょう（2020年9月時点では未施行）。

　マイクロチップの主なルールを、下の表にまとめました。義務と努力義務をはっきりと区別して覚えましょう。また、マイクロチップ装着犬は、狂犬病予防法の特例として、今後は鑑札を装着しなくてよいことになる点も（鑑札の代わりが、マイクロチップ）、覚えておきたいものです。

義務内容（しなければならない内容）	努力義務内容（しても、しなくともよい内容）
・犬猫販売業者については、マイクロチップ装着、及び情報の登録が義務 ・マイクロチップを装着した犬猫を譲り受けた者については、変更登録が義務 ・動物愛護団体、一般飼い主が所有する犬猫がマイクロチップを装着した場合、登録、変更登録等は義務	・動物愛護団体、一般飼い主が所有する犬猫については、マイクロチップ装着は努力義務

ちょっとひとこと

　動物の愛護及び管理に関する法律も大変大きな法律で、知っておくべきルールがたくさんあります。予想問題としては、愛護動物と特定動物の定義、虐待の通報、マイクロチップ装着に絞りましたが、他にも「動物愛護週間」「動物取扱業と動物取扱責任者」「犬猫の販売、展示、年齢制限等のルール」「犬や猫の引き取りのルール」等も勉強しておくとよいでしょう。

5　愛がん動物用飼料の安全性の確保に関する法律

問題1

愛がん動物用飼料の安全性の確保に関する法律の対象となるのはどれか。
1. 市販のカメ用のエサ
2. 市販の金魚用のエサ
3. 市販のうさぎ用のエサ
4. 市販の犬用のおやつ
5. 市販の牛用の乾草

正解　4

問題2

愛がん動物用飼料の安全性の確保に関する法律の対象となるのはどれか。
1. 猫のまたたび
2. 犬用のおもちゃ
3. 猫用のおもちゃ
4. 犬用のミネラルウォーター
5. 猫用の飲み薬

正解　4

解説

　愛がん動物用飼料（ペットフード）の安全性の確保を図るため、2009年（平成21年）に「愛がん動物用飼料の安全性の確保に関する法律」（ペットフード安全法）が施行されました。法律の対象となるのは犬用と猫用のペットフードのみです。犬や猫用の総合栄養食だけでなく、おやつやミネラルウォーター等も対象になりますので、注意しましょう（下の表参照）。

規制の対象となる例	規制の対象とならない例
●総合栄養食（主食タイプ）	▲医薬品　▲おもちゃ
●一般食（おかずタイプ）	▲ペットフードの容器
●おやつ　●スナック　●ガム	▲またたび　▲猫草
●生肉　●サプリメント	▲店内で飲食されるフード
●ミネラルウォーター	▲調査研究用のフード

「ペットフード安全法のあらまし」（環境省パンフレット）より

第1章

第2章

第3章

第4章

第5章

わが国において、愛がん動物用飼料の安全性の確保に関する法律が制定される
きっかけとなった事象はどれか。
1. 毒入り餃子事件
2. 雪印乳業食中毒事件
3. アメリカのメラミン中毒事件
4. わが国における牛海綿状脳症の発生
5. わが国における口蹄疫の発生

正解　3

解説

　愛がん動物用飼料の安全性の確保に関する法律は、2007年（平成19年）3月米国において、有害物質（メラミン）が混入したペットフードが原因となって、多数の犬及び猫が死亡した事件がきっかけとなって制定されました。国家試験では、このような歴史的背景も時折、出題されることがあるので、覚えておきましょう。

愛がん動物用飼料の安全性の確保に関する法律において、猫用フードの製造
にあたり**添加物として用いてはならない**と指定されているものはどれか。
1. プロピレングリコール
2. アセトアミノフェン
3. アフラトキシン
4. メラミン
5. アスピリン

正解　1

解説

　愛がん動物用飼料の安全性の確保に関する法律では、国内で販売されるペットフードに関し、基準・規格を守ってつくることと定めています。猫用フードの製造にあたり、添加物として用いてはならないのは、プロピレングリコールです。メラミンはひっかけなので、注意しましょう（p.48の表参照）。

　プロピレングリコールは、ドッグフードや人の食べ物に添加物として入っていますが、猫には毒性が強く出てしまい、溶血性の貧血を起こす原因になります（ドッグフードを猫に食べさせてはいけない理由の一つです）。

　このような知識をもち、プロピレングリコール中毒が出題されるかもと考え、手を広げて勉強するのが、国家試験の正しい勉強の仕方です。

第1章

第2章

第3章

第4章

第5章

▼【成分規格】

分類	物質等	上限値（µg/g）
農薬	グリホサート	15
	クロルピリホスメチル	10
	ピリミホスメチル	2
	マラチオン	10
	メタミドホス	0.2
汚染物質 （環境中に存在する物質で、意図せずペットフードに含まれるもの）	アフラトキシンB₁	0.02
	デオキシニバレノール	2（犬用）、 1（猫用）
	カドミウム	1
	鉛	3
	ヒ素	15
	BHC	0.01
	DDT	0.1
	アルドリン・ディルドリン	0.01
	エンドリン	0.01
	ヘプタクロル・ヘプタクロルエポキシド	0.01
添加物	エトキシキン	150（合計量） （犬用にあっては、エトキシキン75 µg/g）
	ジブチルヒドロキシトルエン（BHT）	
	ブチルヒドロキシアニソール（BHA）	
	亜硫酸ナトリウム	100
その他	メラミン（注）	2.5

※規定する成分の販売用ペットフードにおける含有量を算出するにあたっては、そのペットフードの水分含有量を10％に設定する。（注）は2015年2月20日から適用

「ペットフード安全法のあらまし」（環境省パンフレット）より

▼【製造方法基準】

分類	物質等	基準
有害微生物	有害微生物全般	加熱し、または乾燥する場合は、原材料等に由来し、かつ発育し得る微生物を除去するのに十分な効力を有する方法で行うこと
添加物	プロピレングリコール	猫用に用いてはならない
原料全般	その他の有害物質等	有害な物質を含み、もしくは病原微生物により汚染され、またはこれらの疑いがある原材料を用いてはならない

「ペットフード安全法のあらまし」（環境省パンフレット）より

問題 5

愛がん動物用飼料の安全性の確保に関する法律で定められているペットフード表示義務項目に**該当しないのはどれか**。

1. ペットフードの名称
2. 事業者名と住所
3. 原材料名
4. 原産国名
5. 消費期限

正解　5

解説

　愛がん動物用飼料の安全性の確保に関する法律で定められているペットフード表示義務5項目は、ペットフードの名称、賞味期限、原材料名、原産国名、事業者名及び住所です。

　まず、賞味期限と消費期限は、似ていますが意味が異なりますので、注意しましょう。簡単にいいますと、賞味期限は「開封しないで、品質が変わらずにおいしく食べられる期限」、消費期限は「開封しないで安全に食べられる期限」のことです。

　なお、公正取引委員会の認定を受けた「ペットフードの表示に関する公正競争規約」では、法で定めた5項目以外に「目的、内容量、給与方法、成分」についても表示することになっています。法律の表示義務と混同しないように、注意しましょう。

ペットフード表示義務5項目のゴロ

表示義務は、4名の賞味期限

※4名：ペットフード名、原材料名、原産国名、事業者名及び住所

6　狂犬病予防法

問題 1

狂犬病予防法で定める輸出入検疫対象動物はどれか。

1. きつね
2. タヌキ
3. プレーリードッグ
4. ヤワゲネズミ
5. コウモリ

正解　1

問題2

狂犬病予防法で定める輸出入検疫の対象動物で**誤りはどれか**。

1. 犬
2. 猫
3. スカンク
4. コウモリ
5. あらいぐま

正解　4

解説

　狂犬病予防法では犬、猫、あらいぐま、きつね、スカンクが輸出入検疫の対象となっています。典型的なお約束の問題で、出題確率が大変高い知識ですから、完璧に覚え、どのように問われても答えられるようにしておきましょう。

　特に、感染症の予防及び感染症の患者に対する医療に関する法律の指定動物（輸入禁止動物）のコウモリとタヌキが混同しやすいので、注意が必要です。

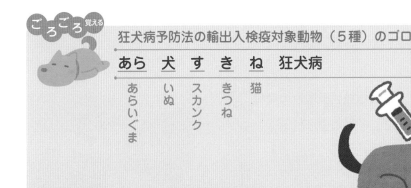

ごろごろ覚える

狂犬病予防法の輸出入検疫対象動物（5種）のゴロ

あら	犬	す	き	ね	狂犬病
あらいぐま	いぬ	スカンク	きつね	猫	

問題3

狂犬病予防法で定める、犬の飼い主の義務として**誤りはどれか**。

1. 飼い犬への狂犬病予防注射接種義務
2. 飼い犬の終生飼養義務
3. 市区町村への飼い犬の登録義務
4. 飼い犬への鑑札装着義務
5. 飼い犬への注射済票装着義務

正解　2

問題 4

狂犬病予防法で定めるワクチン接種に関する正しい記述はどれか。
1. 犬の飼い主は、飼い犬に毎年1回狂犬病ワクチンを受けさせねばならない。
2. 犬の飼い主は、飼い犬に毎年1回5種混合ワクチンを受けさせねばならない。
3. 犬の飼い主は、飼い犬に毎年2回狂犬病ワクチンを受けさせねばならない。
4. 犬の飼い主は、飼い犬に毎年2回3種混合ワクチンを受けさせねばならない。
5. 犬の飼い主が狂犬病ワクチンを飼い犬に受けさせるかどうかは、自由である。

正解　1

問題 5

狂犬病予防法で定める、狂犬病予防注射の対象はどれか。
1. 生後 90 日以上の犬
2. 生後 91 日以上の犬
3. 生後 100 日以上の犬
4. 生後 101 日未満の犬
5. 生後 101 日以上の犬

正解　2

問題 6

狂犬病予防法で定める登録義務対象の犬はどれか。
1. 生後 90 日以上の飼い犬
2. 生後 91 日以上の飼い犬
3. 生後 100 日以上の飼い犬
4. 生後 101 日以上の飼い犬
5. 生後 1 週間以上の飼い犬

正解　2

問題 7

狂犬病予防法で定める飼い犬の登録を申請するのはどこか。
1. 保健所
2. 市町村長
3. 都道府県知事
4. 農林水産大臣
5. 厚生労働大臣

正解　2

第1章
第2章
第3章
第4章
第5章

問題8

狂犬病予防法で定める犬の登録期限として適切なのはどれか。

1. 犬を取得した日から10日以内
2. 犬を取得した日から15日以内
3. 犬を取得した日から30日以内
4. 犬を取得した日から45日以内
5. 犬を取得した日から60日以内

正解　3

問題9

狂犬病予防法で定める、飼い犬に装着すべきものはどれか。

1. 鑑札と注射済証
2. 鑑札のみ
3. 注射済証のみ
4. 鑑札と注射済票
5. 注射済票のみ

正解　4

解説

　問題3〜9は、すべて狂犬病予防法で定める、犬の飼い主の義務に関する問題です。以下の犬の飼い主の義務は出題確率が大変高いので、申請先、期限、対象となる犬の年齢等も含め、細かいところまで覚えましょう（注射済票と注射済証を読み間違わないよう、注意）。

▼狂犬病予防法の犬の飼い主の義務

登録義務	予防注射義務	装着義務
・現在居住している市町村長（市区町村長）に登録を申請	・生後91日以上の犬の飼い主は、毎年1回(4〜6月)、狂犬病予防注射を受けさせなければならない	・飼い犬には、市町村長への登録済みを意味する「鑑札」を装着しなければならない
・犬を取得してから30日以内に登録	・狂犬病予防注射を受けると、獣医師から注射済証（狂犬病予防注射の証明書）を受け取り、それを市町村長に持参すると、注射済票を交付してもらえる	・飼い犬には、狂犬病予防注射を受けたことを意味する「注射済票」を装着しなければならない
・生後91日以上の犬を登録		
・生後90日以内の犬は生後90日を経過した日から30日以内に登録		
・登録は犬の生涯で1回		
・犬の死亡、登録事項変更、所有者の変更はすべて30日以内に市町村長へ届出		

問題10

狂犬病が疑われる犬を診断した獣医師の届出先はどれか。

1. 市町村長
2. 都道府県知事
3. 保健所長
4. 警察署
5. 農林水産大臣

正解　3

 解説

　狂犬病予防法では「狂犬病にかかった犬等（疑いのある犬等）を診断し、又はその死体を検案した獣医師は、直ちに、その犬等の所在地を管轄する保健所長にその旨を届出なければならない。ただし、獣医師の診断又は検案を受けない場合においては、その犬等の所有者がこれをしなければならない。」とあります。

　法的な対応の流れとしては、保健所長に届出がされると、都道府県知事に連絡が行き、その後、都道府県知事から近隣の都道府県知事や厚生労働省等関係各省庁に連絡が流れていきます。

　最初の届出でミスがあったり、遅れたりすると、その後の対応も後手に回りますので、必ず狂犬病の届出ルールは熟知しておきましょう。

　狂犬病予防法では、獣医師や犬の飼い主に届出義務がありますが、獣医師が負傷等をすることもあり得ますから、愛玩動物看護師も熟知しておくべきルールと考えてください。

ちょっとひとこと

　狂犬病予防法の法律自体も大切ですが、狂犬病そのものも大切です。狂犬病の症状、潜伏期間、病原体、日本や世界での発生状況等、すべて重要で出題の可能性が高い知識です。狂犬病を疑った場合、保健所長へ届出るルールを勉強しましたが、症状を知らなければ疑うことはできません。このことから、獣医療従事者が症状を熟知するだけでなく、飼い主に症状を教えることが必要であることがわかります。飼い主がこの届出ルールに対応できる、事前の準備を怠らないようにしましょう。感染症の対応原則は「最悪を想定して行動すること」なのです。

第1章
第2章
第3章
第4章
第5章

問題 1

家畜伝染病予防法で定める法定伝染病はどれか。

1. 口蹄疫
2. 破傷風
3. 野兎病
4. 疥癬
5. トキソプラズマ症

正解　1

問題 2

家畜伝染病予防法で定める法定伝染病はどれか。

1. 鳥インフルエンザ
2. 低病原性ニューカッスル病
3. 低病原性鳥インフルエンザ
4. マレック病
5. 鶏白血病

正解　3

問題 3

家畜伝染病予防法で定める狂犬病の対象家畜として**誤りはどれか**。

1. 牛
2. 馬
3. 豚
4. 鹿
5. 犬

正解　5

問題 4

家畜伝染病予防法で定めるレプトスピラ症の対象家畜はどれか。

1. めん羊
2. 山羊
3. 馬
4. 犬
5. うさぎ

正解　4

解説

　まず、用語の確認からです。家畜伝染病予防法では、2020年4月時点で監視伝染病が99指定されています。監視伝染病は、28の法定伝染病（別名、家畜伝染病）と71の届出伝染病の2つに大きく分類されます。簡単にいいますと、法定伝染病のほうが届出伝染病より悪い伝染病という分類です。

　以下に、監視伝染病と対象家畜をまとめておきますが、すべてを覚えるのは困難なので、覚える際の簡単なポイントと、何が重要と思われるのかのポイントを確認していきたいと思います。

　簡単なルールとして、伝染病名の最後に「疫」とつくのは、法定伝染病です（届出伝染病には、最後に疫がつく病名はない）。たった、これだけの知識を知るだけで、選択肢は絞れるはずですので、ぜひ覚えてください。ちなみに疫は、もともと感染症を意味する漢字なのですが、実際は悪性の伝染病（悪性の疫病）に名づけることが多いです。

　次は重要な監視伝染病とは何かです。「わが国で発生している」「わが国で発生はしていないが、上陸する危険性が高い」「わが国では発生していないが、世界中で問題となっている」「畜産業に多大な影響を与える（与えた）」「一般の人も知っているほど有名」「人獣共通感染症」「近年、国内で死者や重症者が出た」等が重要となるポイントで、それらが出題される可能性が高い伝染病と考え、優先的に勉強しましょう（p.56 ～ 59の表参照）。

　鳥のインフルエンザは、高病原性鳥インフルエンザ、低病原性鳥インフルエンザ、鳥インフルエンザの3つがあります。高病原性と低病原性の鳥インフルエンザが法定伝染病で、鳥インフルエンザは届出伝染病です。特に低病原性鳥インフルエンザが、間違えやすいので注意してください。

　狂犬病の対象家畜に犬は入っていないことにも注意しましょう（狂犬病予防法の輸出入検疫対象動物と重複しないようにしています）。

　最後は、対象家畜に犬やうさぎがいることです。家畜伝染病予防法という名前から、家畜＝産業動物をイメージしがちですので、注意しましょう。ちなみに「動物看護師統一認定試験」ではレプトスピラ症は頻繁に出題される病名なのですが、なぜ出題されていたのかがおわかりいただけたかと思います。

ちょっとひとこと

　犬や猫に感染しない家畜伝染病、ペットに被害がない家畜伝染病は、勉強しなくてよいのでは、と思っていませんか。愛玩動物看護師がこれらの家畜伝染病を勉強しないといけない理由を考えてみましょう。

　テレビや新聞等で、家畜伝染病が連日のように報道されることが、近年多くなってきました。牛海綿状脳症（伝達性海綿状脳症）、口蹄疫、鳥インフルエンザ等は、記憶に新しいところでしょう。これらの家畜伝染病の知識は、現場で必ず必要となります。なぜなら、飼い主はペットに感染するのか、大丈夫なのか、という素朴な疑問をもつからです。現場で、このような質問をされて、正しく返答できないようでは、国家資格取得者だと胸を張ることはできませんね。興味があるとかないとかの問題ではなく、一般常識として最低限の知識は備えておきたいものです。

第1章

第2章

第3章

第4章

第5章

▼家畜伝染病予防法における監視伝染病（法定伝染病 28 と届出伝染病 71）

法定伝染病28	牛	水牛	鹿	めん羊	山羊	豚	いのしし	馬	鶏	あひる	うずら	七面鳥	きじ	だちょう	ほろほろ鳥	その他
流行性脳炎	○	○	○	○	○	○	○	○								
狂犬病	○	○	○	○	○	○	○	○								
炭疽	○	○	○	○	○	○	○	○								
出血性敗血症	○	○	○	○	○	○										
ブルセラ症	○	○	○	○	○	○										
口蹄疫	○	○	○	○	○	○	○									
牛疫	○	○	○	○	○	○	○									
牛肺疫	○	○	○													
リフトバレー熱	○	○		○	○											
ヨーネ病	○	○	○	○												
伝達性海綿状脳症	○	○	○	○												
小反芻獣疫		○	○	○												
水疱性口炎	○	○				○	○	○								
結核	○	○	○		○											
ピロプラズマ症	○	○	○					○								
アナプラズマ症	○	○	○													
鼻疽								○								
馬伝染性貧血								○								
アフリカ馬疫								○								
豚熱（CSF）						○	○									
アフリカ豚熱（ASF）						○	○									
豚水疱病						○	○									
高病原性鳥インフルエンザ									○	○	○	○	○	○	○	
低病原性鳥インフルエンザ									○	○	○	○	○	○	○	
家きんコレラ									○	○	○	○				
ニューカッスル病									○	○	○	○				
家きんサルモネラ症									○	○	○	○				
腐蛆病																蜜蜂

※ p.56 〜 59 の表内の赤字は出題される可能性が高いと考えられる伝染病

第1章

第2章

第3章

第4章

第5章

届出伝染病71	牛	水牛	鹿	めん羊	山羊	豚	いのしし	馬	鶏	あひる	うずら	七面鳥	きじ	だちょう	ほろほろ鳥	その他
ブルータング	○	○	○	○	○											
アカバネ病	○	○		○	○											
悪性カタル熱	○	○	○	○												
チュウザン病	○	○			○											
ランピースキン病	○	○														
牛ウイルス性下痢	○	○														
牛伝染性鼻気管炎	○	○														
牛伝染性リンパ腫	○	○														
アイノウイルス感染症	○	○														
イバラキ病	○	○														
牛丘疹性口内炎	○	○														
牛流行熱	○	○														
類鼻疽	○	○	○	○	○	○	○	○								
破傷風	○	○	○					○								
気腫疽	○	○	○	○	○	○	○									
レプトスピラ症	○	○	○				○	○								犬
サルモネラ症	○	○	○			○	○		○	○	○	○				
牛カンピロバクター症	○	○														
トリパノソーマ症	○	○						○								
トリコモナス症	○	○														
ネオスポラ症	○	○														
牛バエ幼虫症	○	○														
ニパウイルス感染症						○	○	○								
馬インフルエンザ								○								
馬ウイルス性動脈炎								○								
馬鼻肺炎								○								
ヘンドラウイルス感染症								○								
馬痘								○								
馬伝染性子宮炎								○								
馬パラチフス								○								

届出伝染病71	牛	水牛	鹿	めん羊	山羊	豚	いのしし	馬	鶏	あひる	うずら	七面鳥	きじ	だちょう	ほろほろ鳥	その他
仮性皮疽								○								
伝染性膿疱性皮膚炎			○	○	○											
ナイロビ羊病				○	○											
羊痘				○												
マエディ・ビスナ				○												
伝染性無乳症				○	○											
流行性羊流産				○												
トキソプラズマ症				○	○	○	○									
疥癬				○												
山羊痘					○											
山羊関節炎・脳炎					○											
山羊伝染性胸膜肺炎					○											
オーエスキー病						○	○									
伝染性胃腸炎						○	○									
豚テシオウイルス性脳脊髄炎						○	○									
豚繁殖・呼吸障害症候群						○	○									
豚水疱疹						○	○									
豚流行性下痢						○	○									
萎縮性鼻炎						○	○									
豚丹毒						○	○									
豚赤痢						○	○									
鳥インフルエンザ									○	○	○	○				
低病原性ニューカッスル病									○	○	○	○				
鶏痘									○		○					
マレック病									○		○					
鶏伝染性気管支炎									○							
鶏伝染性喉頭気管炎									○							
伝染性ファブリキウス嚢病									○							
鶏白血病									○							
鶏結核									○	○	○	○				

第1章

第2章

第3章

第4章

第5章

届出伝染病71	牛	水牛	鹿	めん羊	山羊	豚	いのしし	馬	鶏	あひる	うずら	七面鳥	きじ	だちょう	ほろほろ鳥	その他
鳥マイコプラズマ症									○			○				
ロイコチトゾーン症									○							
あひるウイルス性肝炎										○						
あひるウイルス性腸炎										○						
兎出血病																うさぎ
兎粘液腫																うさぎ
野兎病					○		○	○	○							うさぎ
バロア症																蜜蜂
チョーク病																蜜蜂
アカリンダニ症																蜜蜂
ノゼマ症																蜜蜂

問題5

レプトスピラ症の犬を診断した獣医師の対応として適切なのはどれか。
1. 家畜伝染病予防法に基づき、都道府県知事に届出る。
2. 家畜伝染病予防法に基づき、保健所へ届出る。
3. 感染症の予防及び感染症の患者に対する医療に関する法律に基づき、都道府県知事に届出る。
4. 感染症の予防及び感染症の患者に対する医療に関する法律に基づき、保健所へ届出る。
5. 家畜伝染病予防法に基づき、摘発・淘汰する。

正解　1

解説

　家畜伝染病予防法（第四条）では、届出伝染病を診断・検案した獣医師に対し、都道府県知事への届出を義務づけています（だから、届出伝染病です）。届出伝染病には、小動物対象の動物病院に来院することが多い犬とうさぎの伝染病が入っていますので、必ず届出のルールは覚えておきましょう。

　また、最近はペットでミニブタやうずらを飼育する飼い主も増えていますので、豚やうずらが対象の監視伝染病も勉強しなければならないと考えてください。

第1章
第2章
第3章
第4章
第5章

問題6

家畜伝染病予防法で定める、家畜の所有者がその飼養に関わる衛生管理に関し最低限守るべき基準を何というか。

1. 産業動物の飼養及び保管に関する基準
2. 展示動物の飼養及び保管に関する基準
3. 家庭動物等の飼養及び保管に関する基準
4. 実験動物の飼養及び保管並びに苦痛の軽減に関する基準
5. 飼養衛生管理基準

正解　5

 解説

　近年、わが国では、牛海綿状脳症（いわゆる狂牛病）、口蹄疫、鳥インフルエンザ等立て続けに伝染病の被害に苦しんできました。そこで、家畜の伝染性疾病の発生を予防するために、家畜の所有者が日ごろから適切な飼養衛生管理を実施することが重要と考え、家畜伝染病予防法では、家畜の所有者がその飼養に関わる衛生管理に関し最低限守るべき基準（飼養衛生管理基準）を定め、その遵守を義務づけています。

　まずは、飼養衛生管理基準という名称をしっかりと覚え、それが家畜伝染病予防法で定めている基準であることを理解してください。

　ちなみに正解以外の選択肢はすべて動物の愛護及び管理に関する法律で定める基準になります。名称が似ていて混同しやすいので、注意しましょう。

問題7

家畜伝染病予防法で定める飼養衛生管理基準の対象家畜はどれか。

1. ペットのミニブタ
2. ペットのフェレット
3. 野生のいのしし
4. 野生のあひる
5. ペットのカメ

正解　1

 解説

　家畜伝染病予防法で定める、飼養衛生管理基準の対象動物（対象家畜）は、牛、水牛、鹿、めん羊、山羊、馬、豚（ミニブタ、イノブタを含む）、いのしし、鶏（ウコッケイ、チャボを含む）、ほろほろ鳥、七面鳥、うずら（ヨーロッパウズラ）、あひる（マガモ、ガチョウ、アイガモ、フランスガモ）、きじ（ヤマドリ）、だちょう（エミュー）です。これら対象家畜を1頭（羽）以上所有（飼養）している人は、飼養衛生管理基準を遵守する義務があります。

　また、対象家畜は飼養目的に関係がありませんので、ペットショップ、学校、保育園、公園等、愛玩や庭先飼育の対象家畜も含まれます。最近は、ペットでミニブタやうずらを飼育する方が増えていますが、これらの飼い主も飼養衛生管理基準の義務対象となることは、必ず覚えてください。

問題 8

ミニブタを飼育している飼い主にすべき指導として適切なのはどれか。

1. 毎年 4 月 15 日までに飼養頭数等を都道府県に報告するよう指導する。
2. 毎年 6 月 15 日までに飼養頭数等を都道府県に報告するよう指導する。
3. 毎年 4 月 15 日までに飼養頭数等を保健所に報告するよう指導する。
4. 毎年 6 月 15 日までに飼養頭数等を保健所に報告するよう指導する。
5. 毎年 4 月 15 日までに飼養頭数等を農林水産大臣に報告するよう指導する。

正解	1

解説

　家畜伝染病予防法で定める、飼養衛生管理基準では、対象家畜の所有者に毎年、飼養している当該家畜の頭羽数及び当該家畜の飼養に関わる衛生状況に関し、都道府県に報告することを義務づけています。提出期限は、畜種ごとに異なります（以下参照）。ポイントは「いつまでに」と「報告先（都道府県）」です。

　残念ながら、対象家畜をペット目的で飼育している飼い主は、これらの報告義務を完全に順守しているとはいえない状況です。愛玩動物看護師を含めた関係者が、まずはしっかりとこのルールを理解し、普及・啓発をしなければいけないことを肝に銘じましょう。

▼**家畜伝染病予防法　飼養衛生管理基準の対象家畜と報告義務**

対象家畜	都道府県への届出
牛、水牛、鹿、めん羊、山羊、馬、豚（ミニブタ、イノブタを含む）、いのしし	毎年4月15日まで
鶏（ウコッケイ、チャボを含む）、ほろほろ鳥、七面鳥、うずら（ヨーロッパウズラ）、あひる（マガモ、ガチョウ、アイガモ、フランスガモ）、きじ（ヤマドリ）、だちょう（エミュー）	毎年6月15日まで

8　感染症の予防及び感染症の患者に対する医療に関する法律

問題 1

感染症の予防及び感染症の患者に対する医療に関する法律（感染症法）で定める一類感染症はどれか。

1. ペスト
2. 重症急性呼吸器症候群（SARS）
3. 中東呼吸器症候群（MERS）
4. 結核
5. 鳥インフルエンザ（H7N9）

正解	1

感染症の予防及び感染症の患者に対する医療に関する法律（感染症法）で定める一類感染症はどれか。

問題2

1. コレラ
2. 腸管出血性大腸菌感染症
3. 細菌性赤痢
4. 腸チフス
5. エボラ出血熱

正解　5

感染症の予防及び感染症の患者に対する医療に関する法律（感染症法）で定める二類感染症はどれか。

問題3

1. マールブルグ病
2. 鳥インフルエンザ（H5N1）
3. ラッサ熱
4. 南米出血熱
5. 痘そう

正解　2

感染症の予防及び感染症の患者に対する医療に関する法律（感染症法）で定める三類感染症はどれか。

問題4

1. ジフテリア
2. 急性灰白髄炎
3. パラチフス
4. ペスト
5. ラッサ熱

正解　3

解説　

　感染症の予防及び感染症の患者に対する医療に関する法律（感染症法）の類型分類の問題です（p.63、64の表参照）。指定されている感染症の多くが、人獣共通感染症であるため、当然ですが、愛玩動物看護師国家試験で出題されると予想すべきです。

　類型分類とは、共通する性質や特徴で分類することを意味します。簡単にいいますと、数字が小さいほど重症で重要な感染症、数字が大きいほど軽症でそれほど重要ではない感染症となります。すべての感染症を覚えるのは得策ではありませんので、優先順位をつけて覚えたいところですが、優先的に覚えるのは一類、二類、三類感染症でよいと考えます。重要な感染症で、かつ覚える感染症の病名が少ない、というのが主な理由です。

　まず最も簡単なのは、三類感染症です。三類感染症は、人に重度な食中毒を起こすものが該当します。症状は、食中毒のイメージどおり嘔吐、腹痛、下痢等の消化器症状がメインとなる感染症です。三類感染症のほとんどが、下痢を起こすイメージの強い有名な感染症なので、イメージで覚えてしまいましょう。

　次は、二類感染症です。二類感染症は、一類感染症ほど重度ではありませんが、感染力が強く、呼吸器症状を起こす感染症のイメージです。病名を眺めると、これまた呼吸器症状を起こす感染症として有名なものが多数ありますので、これも類型イメージで覚えてしまいましょう。

　最後は、最も大事な一類感染症です。一類感染症は、感染力・重症度ともに最悪の感染症で、多数の死者が出るというイメージの感染症です。例外はありますが、○○出血熱という病名が、一類感染症に集中しているのは偶然ではありませんから、意識して覚えましょう。

▼感染症法（一〜五類感染症）

	感染症名等	性格	主な対応・措置
一類	エボラ出血熱、マールブルグ病、クリミア・コンゴ出血熱、ラッサ熱、南米出血熱、ペスト、痘そう	感染力の強さや、罹患した場合の重篤性等に基づく総合的な観点からみた危険性がきわめて高い感染症	原則入院、消毒等の対物措置
二類	急性灰白髄炎、ジフテリア、重症急性呼吸器症候群（SARS）、中東呼吸器症候群（MERS）、結核、鳥インフルエンザ（H5N1）、鳥インフルエンザ（H7N9）	感染力の強さや、罹患した場合の重篤性等に基づく総合的な観点からみた危険性が高い感染症	状況に応じて入院、消毒等の対物措置
三類	腸管出血性大腸菌感染症、コレラ、細菌性赤痢、腸チフス、パラチフス	感染力の強さや、罹患した場合の重篤性等に基づく総合的な観点からみた危険性は高くないが、特定職業への就業によって感染症の集団発生を起こし得る感染症	特定職種への就業制限、消毒等の対物措置
四類	腎症候性出血熱、ハンタウイルス肺感染症、黄熱、デング熱、日本脳炎、ウエストナイル熱、狂犬病、リッサウイルス感染症、ニパウイルス感染症、Bウイルス病、サル痘、A型肝炎、E型肝炎、鳥インフルエンザ（H5N1は除く）、オムスク出血熱、キャサヌル森林病、西部ウマ脳炎、ダニ媒介脳炎、東部ウマ脳炎、鼻疽、ベネズエラウマ脳炎、ヘンドラウイルス感染症、リフトバレー熱、オウム病、つつが虫病、日本紅斑熱、発しんチフス、ロッキー山紅斑熱、Q熱、レジオネラ症、ブルセラ症、野兎病、類鼻疽、炭疽、ボツリヌス症、コクシジオイデス症、回帰熱、ライム病、レプトスピラ症、マラリア、エキノコックス症、重症熱性血小板減少症候群（SFTS）、チクングニア熱、ジカウイルス感染症	媒介動物の輸入規制、消毒、ねずみ等の駆除等の措置が必要となり得る動物由来感染症	媒介動物の輸入規制、消毒、ねずみ等の駆除等の措置

	感染症名等	性格	主な対応・措置
五類	アメーバ赤痢、ウイルス性肝炎（E型、A型肝炎除く）、急性脳炎、クリプトスポリジウム症、クロイツフェルト・ヤコブ病、劇症型溶血性レンサ球菌感染症、後天性免疫不全症候群、ジアルジア症、侵襲性髄膜炎菌感染症、先天性風しん症候群、梅毒、破傷風、バンコマイシン耐性黄色ブドウ球菌感染症、バンコマイシン耐性腸球菌感染症、麻しん、風しん、RSウイルス感染症、咽頭結膜熱、インフルエンザ、A群溶血性レンサ球菌咽頭炎、感染性胃腸炎、急性出血性結膜炎、クラミジア肺炎、細菌性髄膜炎、水痘、性器クラミジア感染症、性器ヘルペスウイルス感染症、尖圭コンジローマ、手足口病、伝染性紅斑、突発性発しん、百日咳、ペニシリン耐性肺炎球菌感染症、ヘルパンギーナ、マイコプラズマ肺炎、無菌性髄膜炎、メチシリン耐性黄色ブドウ球菌感染症、薬剤耐性緑膿菌感染症、流行性角結膜炎、流行性耳下腺炎、淋菌感染症、侵襲性インフルエンザ菌感染症、侵襲性肺炎球菌感染症、カルバペネム耐性腸内細菌科細菌感染症、水痘（入院例に限る）、播種性クリプトコックス症	国が感染症発生動向調査を行い、その結果等に基づいて必要な情報を一般国民や医療関係者に提供・公開していくことによって、発生・拡大を予防すべき感染症	感染症発生状況の収集、分析とその結果公開、提供

2020年9月時点

 ちょっとひとこと

　2020年9月時点で、新型コロナウイルス感染症が世界中にまん延しています。記憶に残る、忘れることのできない感染症になるのは、間違いないでしょう。現時点で、治療法や感染ルート等は完全に判明していませんが、いずれ解明され、多くのことが判明することになるでしょう。その際には、この新型コロナウイルス感染症は、新しい病名となって、おそらく二類感染症（または一類）に分類されると思われます。

　当然ですが、このように感染症法の分類は、ちょくちょく変わります。一類と三類感染症はめったに病名が追加・削除されることはないのですが、二類、四類、五類は追加や削除が、今後も頻繁に起こり得ます。そのため、二類感染症は、ゴロ等で覚えるのはお勧めしません。また、国家試験前に必ず、新しい類型分類を確認するようにしてください。

問題5

　感染症の予防及び感染症の患者に対する医療に関する法律で定める指定動物の記述として適切なのはどれか。

1. 人に危害を加えるおそれがある攻撃性が高い動物のこと
2. 人との共生が望まれる伴侶動物のこと
3. 感染症を人に感染させるおそれが高い動物のこと
4. わが国で絶滅のおそれが高い動物のこと
5. 国際的に希少な動物で、輸出入禁止に指定されている動物のこと

正解　3

問題6

感染症の予防及び感染症の患者に対する医療に関する法律で定める指定動物はどれか。

1. タヌキ
2. 犬
3. 猫
4. あらいぐま
5. スカンク

正解　1

問題7

感染症の予防及び感染症の患者に対する医療に関する法律で原則、輸入禁止となっている動物はどれか。

1. あらいぐま
2. きつね
3. スカンク
4. イタチアナグマ
5. 猫

正解　4

解説

　感染症の予防及び感染症の患者に対する医療に関する法律施行令では、感染症を人に感染させるおそれが高い動物（指定動物）として、イタチアナグマ、コウモリ、サル、タヌキ、ハクビシン、プレーリードッグ及びヤワゲネズミが指定されており、厚生労働省令、農林水産省令第1条で定める地域からの輸入が禁止されています。

　まず、指定動物＝原則輸入禁止動物ということを覚え、どちらで問われてもわかるようにしておきましょう。次に、指定動物が感染症を人に感染させるおそれが高い動物という意味で、だから輸入が原則禁止されているという関係性を理解しましょう。

　当然ですが、似通った知識と混同しやすいわけですが、似通った知識になるのは、狂犬病の輸出入検疫対象動物5種です。ゴロ等を使って、完璧に覚えるようにしてください。

　最後に、ヤワゲネズミについてです。教科書等によっては、ヤワゲネズミが別名で登場することがあります。マストミスというのは、ヤワゲネズミの別名ですので、やはりどちらで問われてもわかるようにしておきましょう。

第1章

第2章

第3章

第4章

第5章

感染症法の輸入禁止動物（7種）のゴロ

紅　　白の　　プレーリードッグ　輸入禁止で
コウモリ　ハクビシン　　プレーリードッグ

サル　イタ　た　　やわ～
サル　イタチ　タヌキ　ヤワゲネズミ

輸入禁止

問題8

感染症の予防及び感染症の患者に対する医療に関する法律における獣医師の届出感染症と対象動物の正しい組合せはどれか。

1. エボラ出血熱 … サル
2. ペスト … サル
3. 結核 … 犬
4. マールブルグ病 … ヤワゲネズミ
5. 細菌性赤痢 … 鳥類

正解　1

問題9

感染症の予防及び感染症の患者に対する医療に関する法律における獣医師の届出感染症の中で、犬が対象動物なのはどれか。

1. ペスト
2. 重症急性呼吸器症候群（SARS）
3. エキノコックス症
4. ウエストナイル熱
5. 鳥インフルエンザ（H5N1）

正解　3

問題10

感染症の予防及び感染症の患者に対する医療に関する法律における獣医師の届出感染症の中で、ペストの対象動物はどれか。

1. サル
2. 鳥類
3. 人コブラクダ
4. プレーリードッグ
5. ヤワゲネズミ

正解　4

問題11

獣医師が犬をエキノコックス症と診断したときに届出る機関として「感染症の予防及び感染症の患者に対する医療に関する法律」で定められているのはどこか。

1. 保健所長
2. 都道府県知事
3. 農林水産大臣
4. 厚生労働大臣
5. 警察署

正解 1

解説

　問題8から問題11は、いずれも獣医師の届出感染症と対象動物の問題です。この知識は、さまざまなパターンで出題ができるため、大変出題確率が高いです。必ず覚えましょう。

　感染症の予防及び感染症の患者に対する医療に関する法律で定める届出感染症の獣医師の届出先は「保健所長」です。第十三条において「獣医師は、一類感染症、二類感染症、三類感染症、四類感染症又は新型インフルエンザ等感染症のうちエボラ出血熱、マールブルグ病その他の政令で定める感染症ごとに当該感染症を人に感染させるおそれが高いものとして政令で定めるサルその他の動物について、当該動物が当該感染症にかかり、又はかかっている疑いがあると診断したときは、直ちに、当該動物の所有者の氏名その他厚生労働省令で定める事項を最寄りの保健所長を経由して都道府県知事に届出なければならない」と定めています。基本的には、狂犬病の届出と同じルールになると覚えればよいでしょう。

　次に、届出感染症と対象動物の組合せですが、対象動物には偏りがあることをもとに、大雑把にまずは覚えます（下の表参照）。サルと鳥類が対象となる届出感染症を覚えただけで、半分以上覚えたことになりますね。あとは、特殊な感染症を注意して覚えてください。

▼感染症法（獣医師の届出感染症と対象動物）

感染症名	対象動物
エボラ出血熱	サル
マールブルグ熱	サル
結核	サル
細菌性赤痢	サル
ペスト	プレーリードッグ
重症急性呼吸器症候群（SARS）	イタチアナグマ、タヌキ、ハクビシン
鳥インフルエンザ（H5N1、H7N9）	鳥類
新型インフルエンザ等感染症	鳥類
ウエストナイル熱	鳥類
エキノコックス症	犬
中東呼吸器症候群（MERS）	ヒトコブラクダ

ちょっとひとこと

　2020年９月時点では、感染症法の獣医師届出感染症と対象動物はp.67の表のとおりですが、新型コロナウイルス感染症が、ここに追加される可能性が高いです。国家試験前には、追加されていないか必ずチェックしてください。

　次に、獣医師の届出感染症の病名を眺めると、何かに気づきませんか。ほとんどが感染症法の一類感染症と二類感染症なのです。もう一度、確認しておきますが、感染症法の分類で重要な感染症の多くは人獣共通感染症です。人にしか感染しない感染症ならば、愛玩動物看護師の国家試験に出題するのは少しためらわれますが、人獣共通感染症の知識は出題されて当たり前なはずです。特に小動物の動物病院で普通に出会う犬と鳥類が対象となっているエキノコックス症や鳥インフルエンザは、法律の知識以外でも出題されると予想して勉強せねばならないことがわかります。

9　薬物関連法規（医薬品、医療機器等の品質、有効性及び安全性の確保等に関する法律、麻薬及び向精神薬取締法、覚せい剤取締法、毒物及び劇物取締法、あへん法）

問題1

医薬品、医療機器等の品質、有効性及び安全性の確保等に関する法律における毒薬の表示に関する適切な記述はどれか。

1. 赤地に白枠、白字で品名と毒の文字を表示しなければならない。
2. 黒地に赤枠、赤字で品名と毒の文字を表示しなければならない。
3. 黒地に白枠、白字で品名と毒の文字を表示しなければならない。
4. 白地に赤枠、赤字で品名と毒の文字を表示しなければならない。
5. 白地に赤枠、黒字で品名と毒の文字を表示しなければならない。

正解　3

解説

　典型的なお約束問題ですので、必ず覚えましょう。毒薬は「黒地に白枠、白字で品名及び毒の文字で表示」、劇薬は「白地に赤枠、赤字で品名及び劇の文字で表示」です（p.71の表参照）。

　本問題は、毒薬の適切な表示を文章で判断する問題でしたが、イラストで毒薬や劇薬の正しい表示を選ばせるバージョンの出題もあります。文字、イラストのどちらで問われても判断できるよう、完璧に覚えてください。

問題 2

医薬品、医療機器等の品質、有効性及び安全性の確保等に関する法律において 14 歳未満に交付禁止の薬物はどれか。

1. 劇薬
2. 毒物
3. 劇物
4. ビタミン剤
5. 消毒薬

正解　1

解説

14歳未満に交付が禁止されているのは毒薬と劇薬です。混同しやすいのが、毒物と劇物で、これらは「毒物及び劇物取締法」において18歳未満への交付が禁止されています。

本番の国家試験では、誰しもが極度の緊張を味わいます。そういうときは、読み間違い等のケアレスミスが起こりやすいものです。普段から、毒薬と毒物、劇薬と劇物を注意して読む癖を身につけておきましょう。

問題 3

保管する際に、法律で**施錠する義務がない**薬物はどれか。

1. 毒物
2. 劇物
3. 毒薬
4. 劇薬
5. 麻薬

正解　4

解説

施錠義務（カギをかけて保管する義務）の知識を問うお約束の問題です。法律はそれぞれ異なりますが、毒薬、麻薬、向精神薬、あへん、毒物、劇物、覚せい剤に施錠義務があり、劇薬には施錠義務、つまりカギをかけて保管する義務がありません。ここでも、劇薬と劇物を読み間違える等、混同しやすくなっていますので、注意して覚えましょう。

第 1 章

第 2 章

第 3 章

第 4 章

第 5 章

問題4

麻薬施用者になれる正しい組合せはどれか。

1. 医師のみ
2. 医師と獣医師のみ
3. 医師、看護師、獣医師、愛玩動物看護師のみ
4. 医師、獣医師、歯科医師のみ
5. 医師、獣医師、歯科医師、薬剤師のみ

正解　4

 解説

　麻薬施用者と麻薬管理者の問題です。簡単にいいますと、麻薬施用者とは、麻薬を治療等の目的で使う人のこと、麻薬管理者とは、麻薬を使うのではなく、紛失・盗難等が起きないように管理する人のことです。

　医薬品、医療機器等の品質、有効性及び安全性の確保等に関する法律において、都道府県知事から麻薬施用者の免許を受けることができるのは、医師、獣医師、歯科医師のみです。一方で、麻薬管理者も同じく都道府県知事から免許を受けるのですが、こちらは医師、獣医師、歯科医師、薬剤師になり、薬剤師が追加されます。

　麻薬を使う人には、薬剤師は入らない、麻薬を保管する人には薬剤師が入る、というのが違いになります。あとは、麻薬施用者免許と麻薬管理者免許が、都道府県知事から受けるものということもぜひ、覚えましょう。

　また、2020年9月時点で、看護師や愛玩動物看護師が、麻薬施用者や麻薬管理者の免許を受けることはできませんので、これも必ず覚えておいてください。

問題5

麻薬に関する記述として**誤りはどれか**。

1. 医薬品、医療機器等の品質、有効性及び安全性の確保等に関する法律において管理が定められている。
2. ケタミンは、麻薬に指定されている。
3. 鍵のかかる堅牢な保管庫に保管する必要がある。
4. 容器には「麻」の記号を表示しなければならない。
5. 麻薬以外の医薬品と区別して保管せねばならない（覚せい剤を除く）。

正解　1

 解説

　麻薬は、麻薬及び向精神薬取締法の対象薬物で、麻薬及び向精神薬取締法において細かく管理が定められています。典型的なひっかけ問題ですので、注意しましょう。

　また、ケタミンという薬物が麻薬指定であることは必ず覚えてください。以前、ケタミンは麻薬指定されていなかったのですが、2007年（平成19年）1月1日に麻薬及び向精神薬取締法に規定する麻薬に指定されたという特殊な薬物だからです。

問題 6

麻薬保管庫の中に、麻薬と一緒に保管できるものはどれか。

1. 毒薬
2. 劇薬
3. 向精神薬
4. 毒物
5. 覚せい剤

正解　5

解説

　麻薬の保管は、麻薬及び向精神薬取締法において、麻薬以外の医薬品（覚せい剤を除く）と区別し、鍵をかけた堅固な設備内で貯蔵しなければならないと定められています。つまり、覚せい剤だけは例外的に、麻薬と一緒に保管してよいことになっています。

　麻薬は、盗難等のおそれがあり悪用されることがあるため、熟知しておくべき薬物の代表です。麻薬に関するルールはほかにもたくさんあります。麻薬の廃棄のルールや、動物病院廃業時の在庫処分ルール等は、国家試験勉強としてだけでなく、業務上の知識を学ぶという意味も含めて、勉強しておくことをお勧めします。

▼主な規制薬品の表示と取扱い一覧

	法律	施錠	その他ポイント	表示
毒薬	医薬品、医療機器等法	○	14歳未満には交付禁止 黒地に白枠、白字で品名及び「毒」の文字で表示	毒
劇薬	医薬品、医療機器等法	×	14歳未満には交付禁止 白地に赤枠、赤字で品名及び「劇」の文字で表示 他の医薬品等と区別して、貯蔵・陳列する必要あり	劇　劇
生物由来製品	医薬品、医療機器等法	×		生物
特定生物由来製品	医薬品、医療機器等法	×		特生物
麻薬	麻薬及び向精神薬取締法	○	容器及び容器の直接の被包に「麻」の記号（色は自由） 麻薬施用者は医師・歯科医師・獣医師に限定 麻薬管理者は医師・歯科医師・獣医師・薬剤師に限定 麻薬以外の医薬品（覚せい剤を除く）と区別して鍵のかかる麻薬保管庫に貯蔵 注意：ケタミンは麻薬指定	麻
向精神薬	麻薬及び向精神薬取締法	○	容器及び容器の直接の被包に「向」の記号（色は自由） 麻薬と異なり施用や交付に免許は不要 基本的に鍵をかけた設備内で保管	向
あへん	あへん法（あへん製剤は麻薬及び向精神薬取締法の規制対象）	○	輸出入、買取り、売渡りはすべて国が独占（あへん製剤は麻薬扱いとなる）	
毒物	毒物及び劇物取締法	○	18歳未満には交付禁止	医薬用外毒物
劇物	毒物及び劇物取締法	○	他のものと区別して保管	医薬用外劇物
覚せい剤（覚せい剤原料）	覚せい剤取締法	○	製造、研究、施用以外の使用禁止 麻薬と同様の保管	

問題7

動物病院において、薬剤使用時に副作用を疑った場合の報告先はどれか。

1. 厚生労働大臣
2. 農林水産大臣
3. 総理大臣
4. 保健所長
5. 警察署長

正解　2

解説

　副作用報告制度とは、「すべての獣医師、飼育動物診療施設の開設者等、医薬品又は医療機器を取扱う者は、医薬品又は医療用具の使用による副作用、感染症又は不具合の発生について、保健衛生上の危害の発生又は拡大を防止する観点からの報告の必要があると判断した場合、その情報（症例）を速やかに報告しなければならない。」というルールのことです。獣医師だけでなく、愛玩動物看護師にも報告義務があるので、絶対に覚えてください。

　ちなみに人の病院で薬剤副作用が出た場合の報告先は、厚生労働大臣になりますので、注意してください。

問題8

動物用医薬品の製造販売の承認を与える権限をもつのはどれか。

1. 厚生労働大臣
2. 農林水産大臣
3. 法務大臣
4. 獣医師会の会長
5. 保健所長

正解　2

解説

　動物用医薬品の製造販売の承認を与える者は「農林水産大臣」です。医薬品は厚生労働省の管轄で認可事項等は厚生労働大臣が主に担当しますが、医薬品、医療機器等の品質、有効性及び安全性の確保等に関する法律では、動物用医薬品の場合はそれぞれを農林水産省、農林水産大臣に置き換えて解釈すると明示されています。

問題9

使用する際に、獣医師の診察が義務となる（必要となる）薬剤に**該当しない**
のはどれか。
1. 消毒薬
2. 抗菌薬
3. ワクチン
4. 毒薬
5. 劇薬

正解　1

解説

　毒劇薬、生物学的製剤（ワクチン等）、使用規制対象医薬品、要指示医薬品（抗菌薬等）については、その使用時に獣医師による診察が義務づけられています。要するに無診察で使用した場合、動物の死亡や病原体のまん延等の危害が生じるおそれのある薬剤なので、診察が義務となっているわけです。

問題10

要指示医薬品が定められている動物はどれか。
1. フェレット
2. うさぎ
3. ハムスター
4. 猫
5. 金魚

正解　4

解説

　動物用医薬品のなかでも副作用が強いものや、病原菌に対して耐性を生じやすいもの等は、農林水産大臣が要指示医薬品に指定しています。要指示医薬品（抗菌薬、ホルモン製剤、ワクチン等）は、獣医師法第17条に定める飼育動物を考慮し、牛、馬、めん羊、山羊、豚、犬、猫、鶏を対象とするものに限られています。

ちょっとひとこと

　昔、薬事法と呼ばれていた法律が、現在の「医薬品、医療機器等の品質、有効性及び安全性の確保等に関する法律」になっています。どうして名称が変わったかというと、主に薬に関する法律だった薬事法では、対応できないケースが増えたから、というのが理由になります。名称をみればわかりますが、「医療機器等」という単語がポイントになりますね。

　今や、医療、獣医療で扱う医療機器は大変高価で複雑なもの、そして扱いを間違えると大きな事故が起こる可能性が高いものであふれています。当然、そういった高度な医療機器のトラブルが増え、それに対応できる法律が必要になったので、法の名称（もちろん法の内容も）が変わったわけです。

　法の名称を覚えるだけでなく、こういった背景を理解し、学ぶことで、何が自分に問われるか、気づけるはずです。例えば、高度な医療機器に関する知識が出題されるのでは、と考えることができれば、合格は近いでしょう。

10 特定外来生物による生態系等に係る被害の防止に関する法律

問題1

特定外来生物による生態系等に係る被害の防止に関する法律において指定されている特定外来生物の禁止事項に該当しないのはどれか。
1. 趣味として、特定外来生物を飼育する。
2. 販売目的で、特定外来生物を輸入する。
3. 趣味として、特定外来生物を釣りあげる。
4. 特定外来生物を、営利目的で販売する。
5. 趣味で捕獲した特定外来生物を自宅に持ち帰る。

正解　3

解説

　特定外来生物による生態系等に係る被害の防止に関する法律において、特定外来生物は原則として、飼養等（飼育、栽培、保管、運搬）の禁止、輸入の禁止、譲渡し等の禁止、放出等の禁止が定められています。

　しかし、例外があり、研究目的等で、逃げ出さないように適正に管理する施設をもっている等、特別な場合には許可されます。

　また、ブラックバス（オオクチバス）等の特定外来生物を趣味で釣りあげる等の捕獲は禁止されていませんが、それを持ち帰る行為は運搬禁止になるので、注意しましょう（キャッチ＆リリースで釣りをするのは問題ないです）。

特定外来生物で規制される事項

飼育・栽培

運搬
（生きたまま移動させる）

保管

輸入

野外への放出、植栽、
は種（種をまくこと）

許可を受けていない者に
対しての譲渡など
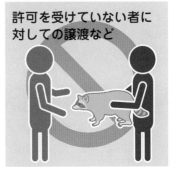

環境省ホームページをもとに作成

問題 2

特定外来生物による生態系等に係る被害の防止に関する法律における特定外来生物に**指定されることがないのはどれか**。
1. 海外起源の外来種の卵
2. 海外起源の外来種の種子
3. 海外起源の外来種の器官
4. 海外起源の外来種の植物
5. 海外起源の外来種の死体

正解　5

解説

　特定外来生物による生態系等に係る被害の防止に関する法律では、「外来生物（海外起源の外来種）であって、生態系、人の生命・身体、農林水産業へ被害を及ぼすもの、又は及ぼすおそれがあるもの」のなかから特定外来生物を指定しています。特定外来生物は、生きているものに限られ、個体だけではなく、卵、種子、器官等も含まれます。

　後述するワシントン条約は、生きているものだけではなく、死体の一部や加工製品等も含まれ、そこが相違点として重要なので、注意して覚えておきましょう。

第1章
第2章
第3章
第4章
第5章

11 鳥獣の保護及び管理並びに狩猟の適正化に関する法律

問題1

鳥獣の保護及び管理並びに狩猟の適正化に関する法律で定める、鳥獣とはどれか。
1. 鳥類または哺乳類に属す野生動物
2. 鳥類または哺乳類に属す飼育動物
3. 野生の鳥類のみ
4. 野生の哺乳類のみ
5. すべての野生動物

正解　1

問題2

鳥獣の保護及び管理並びに狩猟の適正化に関する法律で定める、鳥獣に該当するのはどれか。
1. 野生の魚類
2. 野生の哺乳類
3. 野生の爬虫類
4. 野生の両生類
5. 野生の昆虫

正解　2

問題3

鳥獣の保護及び管理並びに狩猟の適正化に関する法律で定める、鳥獣に**該当しないのはどれか。**
1. 野生のスズメ
2. 野生のハト
3. 野生の白鳥
4. 野生のきつね
5. 野生のドブネズミ

正解　5

解説

　鳥獣の保護及び管理並びに狩猟の適正化に関する法律の「鳥獣」とは、鳥類または哺乳類に属する野生動物のことです。これらの動物は、原則として保護対象になるため、捕獲等が禁じられています。爬虫類、両生類、魚類、昆虫、植物等は、この法律の保護対象ではありません（子ども時代に勝手に捕まえていたものを思い出しましょう）。

しかし、例外として野生の鳥類や哺乳類であっても、海棲哺乳類（ニホンアシカ、ワモンアザラシ、クラカケアザラシ、ゴマフアザラシ、アゴヒゲアザラシ、ゼニガタアザラシ、ジュゴンを除く）と、家ネズミ3種（ドブネズミ、クマネズミ、ハツカネズミ）は、対象から除外されています。つまり、ドブネズミやクマネズミ等は、自由に捕獲等をして問題ないということです。

ちょっとひとこと

　以前は、「鳥獣の保護及び狩猟の適正化に関する法律」という名称だった法律を、「鳥獣の保護及び管理並びに狩猟の適正化に関する法律」に変更しました。変更点は、これまでの「鳥獣の保護」「狩猟の適正化」に加えて「鳥獣の管理」が追加されることになったわけですが、これは大事なポイントになります。

　近年では、保護対象であった野生のシカやイノシシが増えることにより、自然生態系への影響及び、農林水産業への被害が深刻化していました。また狩猟者の減少・高齢化により担い手の育成も必要とされること等から、法律の改正に至ったわけです。人と野生動物が、お互いにうまく地球上で暮らすことができればよいのですが、現実はなかなかうまくいかないようですね。

12 絶滅のおそれのある野生動植物の種の保存に関する法律

問題 1

絶滅のおそれのある野生動植物の種の保存に関する法律で定める国内希少野生動植物種の禁止事項に**該当しないのはどれか**。
1. 販売目的の陳列
2. 販売目的の広告
3. 輸出
4. 輸入
5. 撮影

正解　5

問題 2

絶滅のおそれのある野生動植物の種の保存に関する法律で定める国内希少野生動植物種の禁止事項に**該当しないのはどれか**。
1. 譲り渡し
2. 捕獲
3. 採取
4. 殺傷
5. 鑑賞

正解　5

解説

　国内外の絶滅のおそれのある野生生物の種を保存するため、1993年（平成5年）4月に「絶滅のおそれのある野生動植物の種の保存に関する法律（種の保存法）」が施行されました。種の保存法では、国内に生息・生育する、又は、外国産の希少な野生生物を保全するために必要な措置を定めています。

　国内希少野生動植物種については、販売・頒布目的の陳列・広告、譲渡し等（あげる、売る、貸す、もらう、買う、借りる）、捕獲・採取、殺傷・損傷、輸出入等が原則として禁止されています。

 問題3

絶滅のおそれのある野生動植物の種の保存に関する法律で定める国際希少野生動植物種の禁止事項に**該当しないのはどれか。**

1．頒布目的の陳列
2．頒布目的の広告
3．譲り渡し
4．販売目的の広告
5．輸入

正解　5

 解説

　絶滅のおそれのある野生動植物の種の保存に関する法律では、国内希少野生動植物種と国際希少野生動植物種についてがあり、国際希少野生動植物種に指定されている種については、販売・頒布目的の陳列・広告と、譲渡し等は原則として禁止されています。国内と国際を読み間違わないよう、注意しましょう。

　ちなみに、国内希少野生動植物種は輸出入が禁止されていますが、国際希少野生動植物種の輸出入は禁止されていません。後述するワシントン条約等のからみもありますが、国際希少野生動植物種の輸出入は禁止ではなく、「輸出入時の承認の義務づけ」が現行法の対応となります。

13 各種条約

問題1

ワシントン条約に関する記述として適切なのはどれか。
1．絶滅のおそれのある野生動植物の種の国際取引きに関する条約のことである。
2．特に水鳥の生息地として国際的に重要な湿地に関する条約のことである。
3．オゾン層保護に関する条約のことである。
4．有害廃棄物の国境を越える移動や処分の規制に関する条約のことである。
5．船舶による海洋汚染防止を主目的とした国際条約のことである。

正解　1

問題2

ワシントン条約の規制対象と**ならないのはどれか**。
1. 生きている野生動物
2. 生きている野生植物
3. 野生動物の卵
4. 野生植物の種子
5. 野生動物のふん便

正解　5

問題3

ワシントン条約の規制対象と**ならないのはどれか**。
1. 野生のウミガメの剥製
2. 野生のインドゾウの角
3. 野生のオーストリッチ（ダチョウ）皮革で作った財布
4. 虎骨を原材料とした漢方薬
5. 野生の生きたクマネズミ

正解　5

解説

　絶滅のおそれのある野生動植物の種の国際取引に関する条約の通称をワシントン条約といいます。この条約は、絶滅のおそれのある野生動植物の種が過度に国際取引に利用されることがないよう、これらの種の保護を目的として1973年にワシントンにおいて採択されました。よって野生のクマネズミは繁殖力が強く、絶滅のおそれがないため、対象ではありません。

　ワシントン条約の最大のポイントは、生きている野生動植物だけではなく、それらの加工製品等も対象となる点です。もしも生きている動植物のみを規制対象にすると、漢方薬として高く売れるという理由で、絶滅のおそれのある野生動植物種が殺され、加工製品となって輸出されること等を防げなくなるからです。完璧に覚えなくてもよいですが、大雑把にこういったものが規制対象になっているのか、といった感じで覚えておきましょう。覚えておけば、海外旅行先でワシントン条約の規制対象を、お土産として購入しないで済みます。当たり前ですが、獣医師や愛玩動物看護師がワシントン条約違反を犯すことは、とても恥ずかしいことですから。

ワシントン条約の規制対象は、次のとおりです。
　a．生きている野生動植物
　b．上記aの卵・球根・種子等
　c．上記aの個体の一部：血清、血漿、DNA等を含む（ただし、ふん尿や嘔吐物は除く）
　d．上記aを原材料に使用した加工品（はく製、衣料品、装飾品、漢方薬、化粧品等を含む）

▼日本への持ち込みが規制されているもの（代表例）

項目		持ち込めないもの	持ち込むには許可書等が必要なもの
生きている動植物	サル類	テナガザル、チンパンジー、キツネザル、スローロリス	アカゲザル、カニクイザル
	オウム類	ミカドボウシインコ、コンゴウインコ	オウム
	植物	パフィオペディルム属のラン	ラン、サボテン、シクラメン、フロリダンテツ
	その他	アジアアロワナ、マダガスカルホシガメ	イグアナ、カメレオン、ヤマネコ、リクガメ
加工品・製品	毛皮・敷物	トラ、ヒョウ、ジャガー、チーター、ヴィクーニャ（ラクダ）	ホッキョクグマ
	皮革製品（ハンドバッグ、ベルト、財布等）	アメリカワニ、シャムワニ、アフリカクチナガワニ、クロカイマン、インドニシキヘビ、オーストリッチ	ワニ：クロコダイル、アリゲーターヘビ：ニシキヘビ、キングコブラ、アジアコブラトカゲ：オオトカゲ、テグトカゲ
	象牙製品	インドゾウ、アフリカゾウ	
	はく製・標本	オジロワシ、ハヤブサ、ウミガメ	フクロウ、キシタアゲハ、シャコ貝、石サンゴ、角サンゴ
	アクセサリー	トラ・ヒョウの爪、サイの角	ピラルクのウロコ、クジャクの羽うちわ
	その他	漢方薬（虎骨、麝香、木香を含むもの）	胡弓（ニシキヘビの皮を使ったもの）

税関ホームページより

問題4

主に国際的な湿地の保護に関する条約はどれか。

1. ウイーン条約
2. バーゼル条約
3. マルポール条約
4. ラムサール条約
5. ロンドン条約

正解　4

問題5

ラムサール条約と最も関係する地球環境問題はどれか。
1. 砂漠化
2. 酸性雨
3. 地球温暖化
4. オゾン層破壊
5. 野生生物種の減少

正解 5

解説

　ラムサール条約では、国際的に重要な湿地及びそこに生息・生育する動植物の保全を促進するため、各締約国がその領域内にある国際的に重要な湿地を1か所以上指定し、条約事務局に登録するとともに、湿地の保全及び賢明な利用促進のために各締約国がとるべき措置等について規定しています。ちなみに、ラムサールはイランの町の名前です。

　ラムサール条約は、特定の生態系を扱う唯一の地球規模の条約で、世界中の多くの国々が締約している環境条約の代表です。

　そのため、獣医師国家試験では、最も出題頻度が高い条約の一つとなっています。愛玩動物看護師国家試験でも出題される可能性が高いので、必ず覚えましょう。

　ラムサール条約は、特に国境を越えて移動する水鳥が必要とする移動先の湿地を保全する条約というのがポイントになります。ある動物種を守りたいとき、その動物種の命を直接守るルールをつくっただけでは、意味がありません。その動物種が住む環境を保全しなければ、人が殺さなくとも絶滅してしまいますから。ラムサール条約は、このような考え方で、湿地という、とても重要な生態系を保全しています。

ちょっとひとこと

　ワイズ・ユース（賢明な利用）というキーワードは、ぜひ覚えておきましょう。ラムサール条約では、地域の人々の生業や生活とバランスのとれた保全を進めるために、湿地の「賢明な利用（Wise Use: ワイズユース）」を提唱しています。
　「賢明な利用」とは、湿地の生態系を維持しつつそこから得られる恵みを持続的に活用することです。昔は、大切な自然環境を、まるで聖域のように扱う時代がありましたが、現在はバランスを重視しています。ワイズ・ユースは、後述する「持続可能な開発」というキーワードも含め、現在私たちが直面する地球環境問題をどのように考えていくべきかの指針となる大事な考え方です。

第1章
第2章
第3章
第4章
第5章

二国間渡り鳥等保護条約・協定のわが国との締約国に**該当しないのはどれか。**

問題6

1. オーストラリア
2. アメリカ合衆国
3. ロシア
4. イギリス
5. 中国

正解　4

解説

　二国間渡り鳥等保護条約・協定は、渡り鳥や絶滅のおそれがある鳥類とその生息環境を保護するため、日本が他国（ロシア、米国、中国、オーストラリア）と結んでいる条約・協定です。ラムサール条約と似ていますが、二国間だけで結ぶ条約・協定というのが、ポイントです。それほど有名な条約・協定ではありませんが、ラムサール条約と関連するため、軽く頭に入れておきたいものです。

ちょっとひとこと

　アメリカやオーストラリアと日本がこの条約・協定を結ぶのは、わかりますが、歴史問題でもめることが多い中国、領土問題でもめるロシアとも条約・協定を結んでいるのを意外に思う方もいるかもしれません。新聞・テレビの報道等で、中国やロシアとの緊張感が高まっているときも、実は定期的に、この二国間渡り鳥等保護条約・協定のやり取りは、欠かさず行っているのです。もちろん、これは鳥インフルエンザ等の観点等も含めれば、自国の利益にもなるからなのですが、それにしても渡り鳥に関して大国が協力し合うのは、平和的でよいですね。

遺伝子組換え生物等の国境を越える移動に関係するものはどれか。

問題7

1. ウイーン条約
2. 京都議定書
3. カルタヘナ議定書
4. モントリオール議定書
5. バーゼル条約

正解　3

解説

　カルタヘナ議定書は、正式名称を「生物の多様性に関する条約のバイオセーフティに関するカルタヘナ議定書」といい、カルタヘナは南米のコロンビアの都市の名前になります。
　カルタヘナ議定書では、遺伝子組み換え生物の国境を越える移動に焦点を当て、生物多様性の保全と持続可能な利用に悪影響を及ぼさないよう、安全な移送、取扱い、利用について、十分な保護

を確保するための措置を規定しています。

なお、カルタヘナ議定書を日本で実施するため、2003年6月に「遺伝子組換え生物等の使用等の規制による生物の多様性の確保に関する法律（カルタヘナ法）」が公布され、カルタヘナ議定書が日本に効力を生じる2004年（平成16年）2月に施行されています。

ちょっとひとこと

条約や議定書等、難解な用語が出てきたので、簡単にまとめてみましょう。議定書とは、条約の一種のことです。条約のなかにはさまざまな種類があり、そのなかの一つに「枠組み条約」というものがあります。

枠組み条約とは、基本的な構成と意志決定メカニズムのみを定めた条約で、これには具体的な内容が定められていません。そこで、枠組条約の具体的な内容は、議定書等で展開されることになります。例えば、議定書で有名な京都議定書は、気候変動枠組み条約の議定書のことです。

問題 8

オゾン層保護に関する条約はどれか。
1. ラムサール条約
2. ウイーン条約
3. バーゼル条約
4. マルポール条約
5. ストックホルム条約

正解　2

問題 9

ウイーン条約の主な目的はどれか。
1. 酸性雨の防止
2. 地球温暖化の防止
3. 砂漠化の防止
4. オゾン層破壊の防止
5. 海洋汚染の防止

正解　4

解説

オゾン層の保護のためのウイーン条約、略してウイーン条約は、オゾン層の保護を目的に、主にフロンガスの生産・消費を規制する国際条約です。ウイーンは、オーストリアの首都です。

このウイーン条約に基づいて、オゾン層を破壊する物質を特定し、具体的な規制をするのがモントリオール議定書（オゾン層を破壊する物質に関するモントリオール議定書）になります。モントリオールは、カナダの都市で、オリンピックの開催地としても有名です。

第1章
第2章
第3章
第4章
第5章

　オゾン層破壊と地球温暖化は、いまや誰でも知っていますが、かなりあやふやに理解している人が多いようです。念のため、確認しておきましょう。

　まず、オゾン層を破壊する物質の代表は、フロン（フロンガス）で、このフロンが大気中に増えると、オゾン層が破壊され、オゾン層に穴が開いてしまいます（俗にいう、オゾン・ホール）。

　オゾン層の破壊による害として、最も懸念されているのは、紫外線の害です。宇宙から地球に届く紫外線は３種あるのですが、そのうちオゾン層を通過し、地球の地表に到達できる主な紫外線は１種です（この紫外線で、夏に日焼けをしています）。逆にいうと、残りの２種の紫外線は、オゾン層にブロックされて、地球の地表にはほとんど到達できません。しかし、オゾン層が破壊されて、穴が開いてしまうと、そこから地球に入ってこないはずの紫外線がたくさん入ってきてしまうことになります。この入ってこないはずの紫外線は、大変強力な紫外線であるため、皮膚がんや白内障等の病気の増加、生態系への影響等が懸念されているのです。

　一方、地球温暖化を促進する物質の代表が二酸化炭素で、その他にフロン、メタン等も温室効果ガスであると考えられています。これらの温室効果ガスが大気中に増えると、地球温暖化が進むと思われるため、主に二酸化炭素の排出抑制に、世界中が取り組んでいるわけです。

　そこで、問題となるのが、フロンガスです。フロンガスは、オゾン層を破壊する物質でもあり、温室効果ガスでもあるのです。そのため、ウイーン条約やモントリオール議定書で、「フロンを規制する」と学ぶと、地球温暖化を防止する条約と勘違いして覚えてしまう受験生が出てしまうわけですね。

　混同しないために、主役は誰かで覚えましょう。オゾン層破壊の主役はフロンガスです。地球温暖化を促進する主役は、二酸化炭素で、フロンは脇役です。よって、オゾン層を保護するには、主役のフロンガスを規制します（それが、ウイーン条約とモントリオール議定書です）。

　問題８のように問われると、正解できるのに、問題９のように問われると、間違えやすいので、注意してください。

問題10

有害な廃棄物の国境を越える移動を規制する条約はどれか。

1.　ワシントン条約

2.　バーゼル条約

3.　マルポール条約

4.　ウイーン条約

5.　ストックホルム条約

正解　2

問題11

バーゼル条約が締結される契機となった事件はどれか。

1. セベソ事件
2. ポザリカ事件
3. ドノラ事件
4. ミューズ渓谷事件
5. 別子銅山煙害事件

正解　1

解説

　1976年にイタリア北部の都市・セベソの農薬工場で起きた爆発事故により、広範囲にダイオキシン類が飛散しました。事故により生じた汚染土壌（ダイオキシン等を含む）はドラム缶に封入・保管されていましたが、1982年に行方不明になり、8か月後に北フランスで発見されました。フランス政府はイタリア政府に対して回収を要請しましたが拒否され、最終的には事故を起こした農薬工場の親会社がスイスにあったことから、スイス政府が道義的責任に基づき回収しました。このセベソ事件を契機に締結された条約が、有害廃棄物の国境を越える移動及びその処分の規制に関するバーゼル条約（略してバーゼル条約）で、バーゼルはスイスの都市名になります。

　ドノラ事件（製鉄所や亜鉛精錬所による大気汚染）、ミューズ渓谷事件（工場や火力発電所による大気汚染）は、大気汚染の代表的な事件です。ポザリカ事件は、ガス工場の事故により大量の硫化水素ガスが漏れ出した事件、別子銅山煙害事件は銅精錬排ガスによると思われる大規模な水稲被害が発生した事件のことです。

ちょっとひとこと

　法律や条約は、完璧なものではありません。私たち人は、さまざまな失敗を通して成長、成熟していくものです。国家試験では、国家が成長・成熟していく過程で起きた、セベソ事件等を出題することがあります。飲酒運転を厳罰化したのは、なぜだったのか、その契機となった事件を後世に伝えず忘れてしまったら、また同じ事件が起きるのです。二度と戦争をしないと誓ったのは、なぜだったのか、その契機となった悲惨な戦争の体験を後世に伝えなければ、また戦争をはじめてしまうのです。

　問題11のような問題は、そんなの知らない、どうでもよい知識だと思う受験生が多いかもしれないのですが、実際は重要知識です。多くの人は、失敗からしか学ぶことができません。失敗を語り継ぐことが再発を防ぐのだという観点で出題する先生がいることを、覚えておきましょう。

第1章

第2章

第3章

第4章

第5章

問題12

海洋汚染防止と関連する条約はどれか。

1. ラムサール条約
2. ストックホルム条約
3. マルポール条約
4. ウイーン条約
5. ワシントン条約

正解　3

問題13

陸上で発生した廃棄物の海洋投棄や洋上焼却を規制する条約はどれか。

1. マルポール条約
2. カルタヘナ議定書
3. 京都議定書
4. ロンドン条約
5. モントリオール議定書

正解　4

解説

　海洋汚染に関する取組みを行う条約で重要なのは、マルポール条約（1973年の船舶による汚染の防止のための国際条約に関する1978年の議定書）とロンドン条約（1972年）です。ちなみにロンドンはイギリスの首都ですが、マルポールは都市名ではなく、MARINE POLLUTIONのスペルを抜粋して「MARPOL」と名付けたようです。

　テレビのニュース等でタンカー等の船舶が座礁し、油が海に流れ出てしまった映像を見たことがある方は多いと思いますが、そういった船舶による海洋汚染防止を目的とした条約がマルポール条約になります。

　一方で、ロンドン条約は、陸上で発生した廃棄物の海洋投棄や、洋上焼却を規制する条約となります。どちらも海洋汚染防止の条約ですが、汚染源の発生場所が異なるので、問題13のような問題を間違えないよう、注意して覚えましょう。

問題14

残留性有機汚染物質（POPs）に関する条約はどれか。

1. ウイーン条約
2. ロンドン条約
3. マルポール条約
4. ワシントン条約
5. ストックホルム条約

正解　5

問題15

地球環境問題と、それに直接関係する条約の正しい組合せはどれか。

1. オゾン層破壊 … ワシントン条約
2. 残留性有機汚染物質による汚染 … ストックホルム条約
3. 野生動物の現象 … ウイーン条約
4. 地球温暖化 … ワシントン条約
5. 海洋汚染 … ラムサール条約

正解　2

 解説

　残留性有機汚染物質に関するストックホルム条約（略して、ストックホルム条約）は、環境中のポリ塩化ビフェニル（PCB）、DDT等の残留性有機汚染物質（POPs）の、製造及び使用の廃絶・制限、排出の削減、これらの物質を含む廃棄物等の適正処理等を規定している条約です。ちなみにストックホルムは、スウェーデンの首都名になります。

　POPsとは、環境内で分解されず、生物に蓄積されやすく、人や生物への毒性が高く、地球上で長距離を移動して遠い国の環境を汚染するおそれのある物質の総称です。

　国際条約の問題は、問題15のような組合わせ問題でも、出題されます。あらゆる問われ方に対応できるよう、ポイントを意識して覚えましょう。

ちょっとひとこと

　わが国では、ストックホルム条約を守るために、化審法（化学物質の審査及び製造等の規制に関する法律）と農薬取締法を制定し、残留性有機汚染物質（POPs）を規制しています。この残留性有機汚染物質（POPs）の一つであるDDT（ジクロロジフェニルトリクロロエタン）は、獣医療と関係するので、ぜひ覚えておきたいものです。

　人医療、獣医療の現場では、殺虫剤としてDDTを以前は多用していました。シラミ、ノミ、蚊等の殺虫効果が高く、感染症予防（防疫）という観点では有用だったDDTですが、その後に使用禁止（製造禁止）となっています。日本の古い教科書等では、DDTを使用すると記載されていますが、現在のルールとは異なりますので、注意しましょう。

　ちなみに、DDTの発明者であるミュラー博士（スイス）は、1948年にノーベル医学・生理学賞を受賞しています。それは、DDTが発疹チフス（シラミが媒介、致死率10～60%）やマラリア（ハマダラ蚊が媒介）の伝染病予防に果たした功績が大変大きいからです。

　また、マラリアは現在でも地球上で多くの人の命を奪う大変怖い感染症で、アフリカやアジア、中南米等の国々では、いまだに大きな問題となっています。そのマラリア予防（媒介するハマダラ蚊防除）にDDTが高い効果があり、また経済性の点からもDDTに替わるものがないため、それらの国々では、現在も制限を設けてDDTを使用しています。

　小動物臨床で仕事をしていると、指示された薬をただ毎日使い、その薬剤（化学物質）と環境への影響を忘れてしまいがちです。そのような意識の愛玩動物看護師が増えたら、環境問題は解決しません。ストックホルム条約に関係する知識等は勉強したくないと思う受験生は、大変困りものです。暗記しようとするのではなく、なぜその知識を学ばねばならないのかを、意識しながら勉強をしましょう。人の命も大事ですし、動物の命も大事です。そして環境も大事です。私たちは、試行錯誤、失敗を繰り返しながら、成長する動物ですから。

名称	内容
カルタヘナ議定書	生物の多様性に関する条約のバイオセーフティに関するカルタヘナ議定書 遺伝子組換え生物等の国境を越える移動に関する手続き等を定めた国際的な枠組み。
ラムサール条約	特に水鳥の生息地として国際的に重要な湿地に関する条約
二国間渡り鳥等保護条約・協定	渡り鳥や絶滅のおそれがある鳥類とその生息環境を保護するため、日本が他国（ロシア、米国、中国、オーストラリア）と結んでいる二国間での条約または協定
ワシントン条約	絶滅のおそれのある野生動植物の種の国際取引に関する条約 生きている動植物だけでなく、象牙や毛皮等の加工品も規制の対象。
京都議定書	気候変動枠組条約の議定書で、温室効果ガスの排出削減を義務化
ウイーン条約	オゾン層保護に関する条約で、フロン生産・消費を規制する国際条約
モントリオール議定書	オゾン層を破壊する物質に関するモントリオール議定書 ウイーン条約に基づき、オゾン層破壊物質を特定し、規制することをねらいとしている。
バーゼル条約	有害廃棄物の国境を越える移動及びその処分の規制に関するバーゼル条約 有害な廃棄物の国境を超える移動と処理に関する議定書
マルポール条約	船舶による海洋汚染防止を主目的とした国際条約
ロンドン条約	廃棄物その他の投棄に関わる海洋汚染防止に関する条約
ストックホルム条約	残留性有機汚染物質（POPs）に関する条約で、POPsとは、分解されにくく、広範な環境汚染が認められ、生物濃縮されやすく、かつ人や動物に毒性がある有機化学物質のこと。

第1章

第2章

第3章

第4章

第5章

14 身体障害者補助犬法

問題1

身体障害者補助犬法で定める身体障害者補助犬はどれか。
1. 麻薬探知犬
2. 検疫犬
3. 介助犬
4. 災害救助犬
5. 警察犬

正解　3

解説

　身体障害者補助犬法で定める身体障害者補助犬は、盲導犬、聴導犬、介助犬です。この3つは、必ず覚えましょう。

問題2

身体障害者補助犬の使用者が、補助犬を同伴できる施設（受け入れ義務のある施設）に**該当しないのはどれか**。
1. 飲食店
2. ホテル
3. 病院
4. 民間住宅
5. 役所

正解　4

解説

　身体障害者補助犬法では、公共施設や公共交通機関（電車、バス、タクシー等）、また、スーパーやレストラン、ホテル等、不特定多数の人が出入りする民間施設等に、補助犬同伴の受け入れを義務づけています（下の表参照）。民間住宅は、条件に該当する施設ではありませんので、受け入れ義務はなく、努力義務となっています。

補助犬の同伴を受け入れる義務があるのは以下の場所です。	補助犬の同伴を受け入れる努力をする必要があるのは以下の場所です。
・国や地方公共団体等が管理する公共施設 ・公共交通機関（電車、バス、タクシー等） ・不特定かつ多数の人が利用する民間施設、商業施設、飲食店、病院、ホテル等 ・事務所（職場） 　国や地方公共団体等の事務所 　従業員45.5人※以上の民間企業	・事務所（職場） 　従業員45.5人※未満の民間企業 ・民間住宅

※2018年時点

「ほじょ犬もっと知ってBOOK」2013年版（厚生労働省パンフレット）をもとに一部改変して作成

問題3

身体障害者補助犬法において、聴導犬使用者の携帯が義務となっているものはどれか。

1. 免許証
2. マイナンバーカード
3. 使用者証
4. 健康保険証
5. 認定証

正解　5

問題4

身体障害者補助犬法において、盲導犬使用者の携帯が義務となっているものはどれか。

1. パスポート
2. マイナンバーカード
3. 使用者証
4. 健康保険証
5. 認定証

正解　3

解説

　身体障害者補助犬法では、使用者に認定証（盲導犬の場合は使用者証）の携帯を義務づけているほか、補助犬の公衆衛生上の安全性を証明する「身体障害者補助犬健康管理手帳」等の健康管理記録を携帯させるようにしています。覚える際に注意したいのは、介助犬と聴導犬の使用者には認定証、盲導犬使用者には使用者証の携帯義務で、異なる点です。

　また、認定証や使用者証の表示等をすることなく、施設等の利用を主張しても、レストランやホテル等の事業者側に受け入れの義務はありません（つまり、表示等がなければ受け入れを拒否しても法律違反にはなりません）。

問題5

「身体障害者補助犬の衛生確保のための健康管理ガイドライン」で定める獣医師が行う補助犬の定期健診（血液検査）の推奨頻度として適切なのはどれか。

1. 毎週1回以上
2. 毎月1回以上
3. 2か月につき1回以上
4. 半年につき1回以上
5. 1年につき1回以上

正解　5

解説

　身体障害者補助犬の飼養及び利用には、犬の衛生を確保するため、小動物臨床に従事する獣医師による健康診断を定期的に実施し、衛生管理の啓発と疾病の早期発見に努め、何らかの異常が発見された場合には速やかな対応を行わなければなりません。

　健康診断は、個体識別の後、まず、一次検査として一般的な諸検査を行い、それによって異常が疑われた場合には、二次検査を実施するようにします。また、一次検査及び二次検査において異常が認められた例に対しては、必要に応じて各々の場合に適した精密検査を適宜に実施します。

　獣医師による健康診断の実施頻度は、一次検査のうち、問診、視診、触診、打診、聴診及び体温、脈拍数、呼吸数の計測については1年に2回以上、血液学的検査ならびに糞便検査については1年に1回以上実施するものとし、二次検査及び精密検査は、個々の例に応じて適切な頻度で実施するようにします。

ちょっとひとこと

　予想問題を解いて、身体障害者補助犬使用者が自分の仕事場に来院することがわかりました。身体障害者補助犬法に則った対応、身体障害者補助犬の衛生確保のための健康管理ガイドラインに則した対応が愛玩動物看護師に望まれるのは当然ですが、法律やガイドラインにない、心の準備・対応はできていますか？

　法律を整備しても、身体障害者補助犬使用者のことを理解する姿勢が獣医療関係者に欠けていたら、意味がありません。法律の勉強とは別に、目の不自由な方、耳の不自由な方、車椅子を使われている方等について、日常から関心をもち、学ぶことが愛玩動物看護師には望まれるのです。

15　廃棄物の処理及び清掃に関する法律

問題 1

動物病院で出た、採血後の注射針を廃棄する際の適切な分類はどれか。

1. 特別管理産業廃棄物
2. 家庭廃棄物
3. 事業系一般廃棄物
4. 特別管理一般廃棄物
5. 粗大ごみ

正解	1

解説

　廃棄物の処理及び清掃に関する法律で、廃棄物は産業廃棄物（事業活動で出た廃棄物））と一般廃棄物の大きく2種に分類されます。動物病院は事業活動の一つですので、動物病院から出た廃棄物は産業廃棄物になり、そのなかで爆発性、毒性、感染性のあるものは特別管理産業廃棄物に分類されます。

採血後の注射針等の廃棄物は、一般には、感染性廃棄物と呼んでいますが、一般廃棄物のなかにも感染性廃棄物はあります。ですから、動物病院で出た感染性のある廃棄物は、特別管理産業廃棄物のなかの感染性廃棄物となりますので、覚えておきましょう。

第1章

問題2

廃棄物に関する記述として適切なのはどれか。
1. 一般廃棄物の処理は、都道府県知事が責任をもって行う。
2. 産業廃棄物の処理は、都道府県知事が責任をもって行う。
3. 事業者が排出する廃棄物は、すべて産業廃棄物である。
4. 牛のふん尿は、産業廃棄物である。
5. 犬のふんは、産業廃棄物である。

正解　4

 解説

　一般廃棄物の処理責任は市町村、事業活動に伴って生じた産業廃棄物の責任は排出業者です。つまり家庭で出たゴミは市町村が回収し、処理してくれます。一方、動物病院で出た産業廃棄物は、動物病院が責任をもって処理することになっています。実際には、動物病院で処理できないので、動物病院も含めた多くの事業者は、産業廃棄物を処理する専門の業者に処理を依頼しています。

　事業者から出た廃棄物はすべて産業廃棄物ではなく、事業系一般廃棄物もあります。事業者が排出する廃棄物は、すべて産業廃棄物である」は、ひっかけですので、注意してください。

　産業廃棄物は、法令で規定する20種があり、それ以外はすべて事業系一般廃棄物になります。法令で規定する20種（p.93の表参照）のうち、「動物系固形不要物、動植物性残渣、動物のふん尿、動物の死体」に記載されている「動物」とは、すべて畜産農業の動物になりますので、愛玩動物の犬や猫は、該当しません。よって、牛のふん尿は産業廃棄物扱いになりますが、犬や猫のふん尿は一般廃棄物扱いになります。

問題3

猫の飼い主に、猫の死体をどうしたらよいかと相談された。愛玩動物看護師の対応として法的に適切なのはどれか。
1. 感染が拡がらないよう、近所の公園に埋却するよう指導する。
2. 周囲に注意しながら、自宅で焼却するよう指導する。
3. 一般廃棄物として処理するよう指導する。
4. 産業廃棄物処理の専門業者に処理を依頼するよう、指導する。
5. 動物病院で預かり、感染性廃棄物として処理すると伝える。

正解　3

 解説

　廃棄物の処理及び清掃に関する法律では、犬や猫の死体は、一般廃棄物扱いになります。一方で、畜産農場等から出た動物の死体は、産業廃棄物扱いです。最近では、犬や猫の死体を専門業者に依

頼し、火葬する等して弔う方が増えましたが、法的には一般廃棄物として廃棄して問題ありません。

　このような問題で注意してほしいのは、犬や猫の死体を一般廃棄物として廃棄しなければいけないといっているわけではないということです。設問文にあるように「法的に適切なのはどれか」という観点でのみ考え、判断するようにしましょう。感情的にならず、問題の意図をきちんと把握することが大事です。現場ではこんなことしない、こんな対応はおかしい、と考えて問題を解くのは、やめましょう。あくまでも、現場の対応として適切な対応ではなく、法的に適切なのは、と問われていることを理解してください。

　ちなみに、最近では多くの自治体が、犬や猫の死体を発見した場合や飼い犬・飼い猫が死亡した場合に通報すると対応（回収）してくれます。やはり、一般廃棄物として廃棄することに抵抗がある方が多いので、自分の働く仕事場の自治体の対応を確認しておくとよいでしょう。すべての方が金銭的に余裕があり、専門業者に依頼できるわけではありませんから。

▼廃棄物の分類

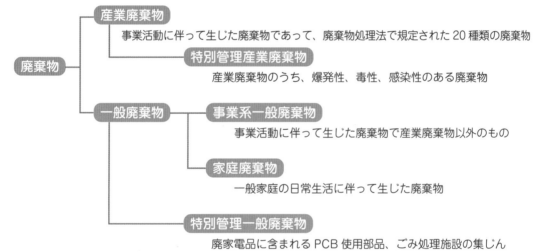

（公財）日本産業廃棄物処理振興センター（JW センター）ホームページより

▼産業廃棄物20種

区分	種類		
あらゆる事業活動に伴うもの	(1)　燃え殻　　(2)　汚泥　　(3)　廃油 (4)　廃酸　　(5)　廃アルカリ　　(6)　廃プラスチック類 (7)　ゴムくず　　(8)　金属くず (9)　ガラス・コンクリート・陶磁器くず　　(10)　鉱さい (11)　がれき類　　(12)　ばいじん		
排出する業種が限定されるもの	(13)　紙くず　　(14)　木くず　　(15)　繊維くず (16)　動物系固形不要物　　(17)　動植物性残渣　　(18)　動物のふん尿 (19)　動物の死体		
(20) 汚泥のコンクリート固形化物等、(1)～(19)の産業廃棄物を処分するために処理したもの	(1)～(19)に該当しないもの		

問題4

下のバイオハザードマークのついた容器に廃棄すべきものはどれか。

（色は赤色）p.1 視覚素材参照

1. 血液
2. 血液のついたガーゼ
3. 注射針
4. 血液のついたシリンジ
5. 血液のついたアンプル

正解　1

問題5

下のバイオハザードマークのついた容器に廃棄すべきものはどれか。

（色は橙色）p.1 視覚素材参照

1. 血漿
2. 血清
3. 体液
4. 精液
5. 血液のついた包帯

正解　5

問題6

下のバイオハザードマークのついた容器に廃棄すべきものはどれか。

（色は黄色）p.1 視覚素材参照

1. 血液のついたガーゼ
2. 血液のついた包帯
3. 血液のついた注射針
4. 血液のついたプラスチック容器
5. 血液のついた手術用グローブ

正解　3

問題7

黄色のバイオハザードマークがついた廃棄物の処理容器の特徴として適切なのはどれか。

1. 耐燃焼性の容器
2. 防水性の容器
3. 耐貫通性の容器
4. 遮光性の容器
5. 冷却可能な容器

正解　3

解説

　感染性廃棄物は、ほかの廃棄物と分別して排出するべきものです。ただし、非感染性であっても鋭利なものは、すべてを感染性廃棄物（血液・体液汚染と鋭利器材）とし、確実に分別廃棄をするようにしましょう。

　また、感染性廃棄物の処理容器に、色分けしたバイオハザードマークをつけるとわかりやすく、分別間違いを防止しやすくなるため、色分けが推奨されています。赤色は主に液体や泥状の感染性廃棄物、橙色は主に固形状の感染性廃棄物、黄色は主に鋭利な感染性廃棄物です。黄色のバイオハザードマークの容器は鋭利なものを廃棄するため、貫通しない丈夫な容器を使う必要があります。

　なお、分別に迷うような廃棄物の場合は、すべて黄色のバイオハザードマークのついた容器に廃棄するルールになっていますので、これも覚えておきましょう。

（色は赤色）

特色：液状または泥状のもの

血液、体液、手術等で発生した廃液等

梱包
密閉容器

（色は橙色）

特色：固形状のもの

血液等が付着したガーゼ等

梱包
丈夫なプラスチック袋を二重にして使用または堅牢な容器

（色は黄色）

特色：鋭利なもの

注射針、メス、アンプル、血液の付着したガラス片等

梱包
耐貫通性のある丈夫な容器

p.1 視覚素材参照

福興産業株式会社ホームページより

感染症廃棄物の判断フロー

【STEP 1】（形状）
廃棄物が以下のいずれかに該当する。

① 血液、血清、血漿及び体液（精液を含む。）（以下、「血液等」という。）
② 病理廃棄物（臓器、組織、皮膚等。）注1
③ 病理微生物に関連した試験、検査等に用いられたもの注2
④ 血液等が付着している鋭利なもの（破損したガラスくず等を含む。）注3

 NO

 YES

【STEP 2】（排出場所）
感染症病巣注4、結核病床、手術室、緊急外来室、集中治療室及び検査室において治療、検査等に使用された後、排出されたもの

 NO

【STEP 3】（感染症の種類）
① 感染療法の一類、二類、三類感染症、新型インフルエンザ等感染症、指定感染症及び新感染症の治療、検査等に使用された後、排出されたもの
② 感染症法の四類及び五類感染症の治療、検査等に使用された後、排出された医療器材等（ただし、紙おむつについては特定の感染症に係るもの等に限る。）注5

 YES

感染症廃棄物

 NO 注6

非 感 染 症 廃 棄 物

（注）　次の廃棄物も感染性廃棄物と同等の取扱いとする。
　　　　・外見上血液と見分けがつかない輸血用血液製剤等
　　　　・血液等が付着していない鋭利なもの（破損したガラスくず等を含む。）
（注1）　ホルマリン漬臓器等を含む。
（注2）　病原微生物に関連した試験、検査等に使用した培地、実験動物の死体、試験管、シャーレ等
（注3）　医療器材としての注射針、メス、破損したアンプル、バイヤル等
（注4）　感染症法により入院措置が講ぜられる一類、二類感染症、新型インフルエンザ等感染症、指定感染症及び新感染症の病床
（注5）　医療器材（注射針、メス、ガラスくず等）、ディスポーザブルの医療器材（ピンセット、注射器、カテーテル類、透析等回路、輸液点滴セット、手袋、血液バック、リネン類等）、衛生材料（ガーゼ、脱脂綿等）、紙おむつ、標本（検体標本）等
　　　　　なお、インフルエンザ（鳥インフルエンザ及び新型インフルエンザ等感染症を除く。）伝染性紅斑、レジオネラ症等の患者の紙おむつ（参考1参照）は、血液等が付着していなければ感染症廃棄物ではない。
（注6）　感染性・非感染性のいずれかであるかは、通常はこのフローで判断が可能であるが、このフローで判断できないものについては、医師等（医師、歯科医師及び獣医師）により、感の　おそれがあると判断される場合は感染性廃棄物とする。

「廃棄物処理法に基づく感染性廃棄物処理マニュアル」2018年3月（環境省　環境再生・資源循環局）より

ちょっとひとこと

　愛玩動物看護師が知るべき法律は、愛玩動物看護師国家試験の出題基準が公表されたときに、明確化されると思います。本書では、2020 年 9 月現在はまだ出題基準は明確になっていないものの、愛玩動物看護師になるならば、知っておくべきだろうと考えられる法律をピックアップしました。ですから、本書で取りあげた法律は、マックスではなく、ミニマムです。環境基準法、労働法規全般等、挙げたらきりがありません。国家試験合格のためだけに勉強しているのではないということを忘れず、自分が成長するために、興味をもって法律の勉強の手を広げてほしいものです。

　また、国家試験出題基準が公表されると、勘違いが生じることがあるので、注意してください。国家試験出題基準に記載のない法律は出題されない、というわけではありません。例えば、出題基準にストックホルム条約があり、化審法（化学物質の審査及び製造等の規制に関する法律）が記載されていなかった場合、化審法は一切勉強しなくてよいというメッセージではありません。前述したようにストックホルム条約を守るために、国内で化審法を制定したわけですから、ストックホルム条約について問う問題の流れで、問われる可能性があると思うべきなのです。

　このように、法律は、大変広範囲に及ぶため、法律だけ勉強すると、うんざりしてしまうかもしれません。アドバイスとしては、法律から手を広げ、さまざまな科目の知識と結びつけていくとよいでしょう。次の第 5 章で学ぶ、公衆衛生学は、法律と密接に関係する学問です。法律の知識で学んだことが、公衆衛生学で出題されている関係性を意識しながら、学ぶとよいかもしれません。

第 1 章

第 2 章

第 3 章

第 4 章

第 5 章

第5章 予想問題 「公衆衛生」

公衆衛生学は、広範囲な学問ですが、ここでは大きく環境衛生、食品衛生、感染症（人獣共通感染症）、疫学の4つに分類し、予想問題を通して、それぞれの重要な知識の確認をしていきたいと思います。

1 環境衛生

問題1

地球環境問題に関する記述として**適切でないのはどれか。**
1. オゾン・ホールが拡がると、高潮被害や異常気象が起こる。
2. 地球温暖化が進むと、蚊が媒介する感染症の増加、分布域拡大が起こる。
3. 酸性雨が降ると、森林破壊や農業生態系への悪影響が出る。
4. 海洋汚染が起こると、海洋生物大量死だけでなく、赤潮や青潮も起こる。
5. 熱帯雨林減少で、大気中の二酸化炭素が増加する。

正解　1

解説

オゾン層が破壊され、オゾン・ホールが拡がると、有害な紫外線が地球に入ることによる皮膚がん、白内障等の増加が危惧されます。こういった問題が起こらないようにするために、わが国ではウイーン条約やモントリオール議定書を批准（最終的に承認）していたことを思い出しましょう。

問題2

地球温暖化係数（GWP）の基準となるのはどれか。
1. メタン（CH_4）
2. 二酸化炭素（CO_2）
3. 一酸化二窒素（N_2O）
4. 六フッ化硫黄（SF_6）
5. 三フッ化窒素（NF_3）

正解　2

問題 3

わが国で、年間排出量が最も多い温室効果ガスはどれか。
1. 一酸化二窒素（N$_2$O）
2. メタン（CH$_4$）
3. 二酸化炭素（CO$_2$）
4. 三フッ化窒素（NF$_3$）
5. 六フッ化硫黄（SF$_6$）

正解　3

解説

　わが国で排出される、温室効果ガスの約93％を占めるのが、二酸化炭素です。地球温暖化係数（GWP：Global Warming Potential）とは、この二酸化炭素を基準とし、1とした場合、ほかの温室効果ガスがどれだけ温暖化する能力があるか表した数字のことです。例えば、メタンの地球温暖化係数は25ですから、二酸化炭素よりも25倍温暖化する能力があるということになります。

　そうすると、メタンのほうが二酸化炭素よりも地球温暖化を促進する悪者のように思われますが、現在、地球温暖化を抑止するために世界中で取組んでいる大きな取組みは、二酸化炭素排出量の抑制です。

　最も温暖化係数が小さい二酸化炭素を減らしても、効果がなさそうな気がしてしまいますし、もっと地球温暖化係数が高いメタン等を減らす方が先決ではないかとも考えられます。

　なぜ、二酸化炭素を世界中で排出しないように取組んでいるかというと、それは地球温暖化への寄与度が最も大きいのが二酸化炭素だからです。簡単にいうと、地球を最も暖めてきた物質が二酸化炭素で、温暖化寄与率は断トツの約60％となります。

　地球温暖化係数が最も小さい二酸化炭素ですが、排出量や寿命等を総合的に考えると、産業革命以降、二酸化炭素が地球を暖めてきた主役なのです。地球温暖化係数が大きくとも、寿命が短ければ、悪さはできないということですね。

　ちなみに地球温暖化寄与度の真のナンバー1は、水蒸気で、二酸化炭素ではありません。なぜ水蒸気が環境問題で抑制対象になっていないかというと、それは、水蒸気の濃度が気温や大気循環に大きく左右されてしまうので、地球温暖化問題で対象とする温室効果ガスには含められていないからです。

第1章

第2章

第3章

第4章

第5章

▼温室効果ガスの特徴

国連気候変動枠組条約と京都議定書で取り扱われる温室効果ガス

温室効果ガス	地球温暖化係数※	性質	用途・排出源
CO_2 二酸化炭素	1	代表的な温室効果ガス	化石燃料の燃焼等
CH_4 メタン	25	天然ガスの主成分で、常温で気体。よく燃える	稲作、家畜の腸内発酵、廃棄物の埋め立て等
N_2O 一酸化二窒素	298	数ある窒素酸化物のなかで最も安定した物質。ほかの窒素酸化物（例えば二酸化窒素）等のような害はない	燃料の燃焼、工業プロセス等
HFCs ハイドロフルオロカーボン類	1,430等	塩素がなく、オゾン層を破壊しないフロン。強力な温室効果ガス	スプレー、エアコンや冷蔵庫等の冷媒、化学物質の製造プロセス、建物の断熱材等
PFCs パーフルオロカーボン類	7,390等	炭素とフッ素だけからなるフロン。強力な温室効果ガス	半導体の製造プロセス等
SF_6 六フッ化硫黄	22,800	硫黄の六フッ化物。強力な温室効果ガス	電気の絶縁体等
NF_3 三フッ化窒素	17,200	窒素とフッ素からなる無機化合物。強力な温室効果ガス	半導体の製造プロセス等

※京都議定書第二約束期間における値

「温室効果ガスの特徴」（全国地球温暖化防止活動推進センターホームページ）より

問題 4

酸性雨の原因となるものはどれか。

1. フロンガス
2. 二酸化炭素（CO_2）
3. 二酸化硫黄（SO_2）
4. オゾン
5. メタン（CH_4）

正解　3

問題 5

酸性雨対策として適切なのはどれか。

1. ノンフロンの家電製品利用
2. 工場や車等からの排気ガス抑制
3. 絶滅危惧種の輸出入禁止
4. 遺伝子組み換え作物の利用抑制
5. 植物（緑）の増加

正解　2

解説

　酸性雨の主因は、硫酸、硝酸で、これらは酸性物質前駆体（NOx、SOx）等の大気中における光酸化反応の結果生じます。窒素酸化物をNOx、硫黄酸化物をSOxと表現しますが、硫黄酸化物の代表が二酸化硫黄です。NOxやSOxは、工場や車等の排気ガスに入っているため、排気ガスの抑制は、酸性雨対策になります。

　なお、二酸化硫黄は、吸入すると上部気道を刺激し、長時間吸うと慢性気管支炎やぜんそくを起こします。そのため四日市ぜんそく等の公害病の原因としても有名です。知識がつながっていることを理解しましょう。

　ちなみに、酸性雨を誤解している方が多いのですが、普通の雨のpHはそもそも酸性です。その酸性の雨が、いつも以上に酸性に傾いたとき（pH5.6以下）に、酸性雨と呼んでいます。

問題 6

オゾン層破壊につながるものとして最も適切なのはどれか。
1. 二酸化炭素（CO_2）
2. メタン（CH_4）
3. 二酸化硫黄（SO_2）
4. クロロフルオロカーボン（CFCs）
5. ダイオキシン（PCDD、PCDF 等）

正解　4

解説

　クロロフルオロカーボン（CFCs）は、オゾン層を破壊するためモントリオール議定書ではグループ I に指定されている物質です。狭義の「フロン」は炭素・フッ素・塩素のみからなるCFCsを指しますが、塩素を含まないフルオロカーボン（FC）や、水素を含むハイドロクロロフルオロカーボン（HCFC）及びハイドロフルオロカーボン（HFC）、臭素を含むハロンもフロン類に含める場合があります。

　オゾン層を破壊するのが、フロンガスだと覚えていても、別名で出題されたら正解できない受験生が多いので、注意しましょう。p.102の表はモントリオール議定書の規制対象物質（オゾン層破壊物質）です。

第 1 章
第 2 章
第 3 章
第 4 章
第 5 章

附属書	グループ	物質
A	I	CFCs (CFC-11、CFC-12、CFC-113、CFC-114、CFC-115)
	II	ハロン (ハロン-1211、ハロン-1301、ハロン-2402)
B	I	その他のCFCs (CFC-13、CFC-111、CFC-112、CFC-211、CFC-212、CFC-213、CFC-214、CFC-215、CFC-216、CFC-217)
	II	四塩化炭素
	III	1・1・1-トリクロロエタン（メチルクロロホルム）
C	I	HCFCs (HCFC-21、HCFC-22、HCFC-31、HCFC-121、HCFC-122、HCFC-123、HCFC-123、HCFC-124、HCFC-124、HCFC-131、HCFC-132、HFCF-133、HCFC-141、HCFC-141b、HCFC-142、HCFC-142b、HCFC-151、HCFC-221、HCFC-222、HCFC-223、HCFC-224、HCFC-225、HCFC-225ca、HCFC-225cb、HCFC-226、HCFC-231、HCFC-232、HCFC-233、HCFC-234、HCFC-235、HCFC-241、HCFC-242、HCFC-243、HCFC-244、HCFC-251、HCFC-252、HCFC-253、HCFC-261、HCFC-262、HCFC-271)
	II	HBFC (CHFBr2 、HBFC-22B1、CH2FBr、C2HFBr4、C2HF2Br3、C2HF3Br2、C2HF4Br、C2H2FBr3、C2H2F2Br2、C2H2F3Br、C2H3FBr2、C2H3F2Br、C2H4FBr、C3HFBr6、C3HF2Br5、C3HF3Br4、C3HF4Br3、C3HF5Br2、C3HF6Br、C3H2FBr5、C3H2F2Br4、C3H2F3Br3、C3H2F4Br2、C3H2F5Br、C3H3FBr4、C3H3F2Br3、C3H3F3Br2、C3H3F4Br、C3H4FBr3、C3H4F2Br2、C3H4F3Br、C3H5FBr2、C3H5F2Br、C3H6FBr)
	III	ブロモクロロメタン
E	I	臭化メチル

「モントリオール議定書規制対象物質（オゾン層破壊物質）」（経済産業省ホームページ）より

問題7

水俣病の原因物質はどれか。

1. 無機水銀
2. 二酸化硫黄（SO₂）
3. カドミウム
4. メチル水銀
5. フロン

正解　4

問題 8

わが国の四大公害に**該当しないの**はどれか。

1. 熊本の第一水俣病
2. 新潟の第二水俣病
3. 四日市ぜんそく
4. イタイイタイ病
5. アザラシ肢症

正解	5

解説

　環境問題を語るうえで、避けて通れない重要な知識が四大公害です。四大公害の名前、発生地域、原因物質は必ず覚えましょう（下の「ごろごろ覚える」参照）。四大公害のなかでも、特に重要なのが水俣病です。

　水俣病以前の公害は、公害物質を直接人の体内に取り入れて健康被害が起きていましたが、水俣病は世界で初めて起きた食物連鎖による公害なのです。

　水俣湾に流されたメチル水銀（有機水銀）が魚介類に入り、その魚介類を人が食べることで起きた公害であること、生物濃縮・食物連鎖が絡んだ特殊な公害であることは、必ず覚えておきましょう。ちなみに、無機水銀はひっかけです。無機水銀は生体と反応しませんが、有機水銀は生体と反応してしまうため、こちらは有害です。有機水銀＝メチル水銀、という関係も覚えましょう。

　問題 8 の正解となったアザラシ肢症は、手足が短くアザラシのようだということで名づけられた先天性疾患です。わが国では、サリドマイド事件（サリドマイドによる薬害）でアザラシ肢症が起きたことで有名になりました。

四大公害の原因物質を覚えるコツ

・水俣病は水がつくメチル水銀（有機水銀）が原因

・イタイイタイ病はカタカナ公害なので、原因もカタカナのカドミウム

・四日市ぜんそくは、漢数字がつくから、原因も漢数字の二酸化硫黄等、発生地域も漢数字の三重県

	地域	原因
水俣病（第一水俣病）	熊本県（水俣市）	メチル水銀（有機水銀）
第二水俣病	新潟県（阿賀野川流域）	メチル水銀（有機水銀）
イタイイタイ病	富山県（神通川流域）	カドミウム
四日市ぜんそく	三重県（四日市市）	NOxやSOx（二酸化硫黄等）

問題 9

わが国の典型 7 公害に**該当しないのはどれか**。

1. 地盤沈下
2. 悪臭
3. 騒音
4. 振動
5. 海洋汚染

正解　5

 解説

　環境基本法で定める7つの公害を、典型7公害と呼んでおり、その7つは「大気汚染、水質汚濁、土壌汚染、騒音、振動、地盤沈下、悪臭」となります。動物病院等、動物が関係する仕事では、もっぱら騒音と悪臭が苦情の原因になりやすいことも覚えておきましょう。当然ですが、それらの苦情が出ないように仕事をするのがプロですから。

 典型7公害の苦情件数が多い順のゴロ

壮	大な	臭い	水、	7公害で動く	土	地
騒音	大気汚染	悪臭	水質汚濁	振動	土壌汚染	地盤沈下

※典型7公害の苦情件数の多い順のゴロ。苦情件数の1位と2位は入れ替わることがあるので、試験直前には必ず確認しましょう。もし入れ替わっていたら、「大そうな臭い水、7公害で動く土地」にして覚えましょう。

 ちょっとひとこと

　動物病院の仕事と、公害や環境汚染は直接関係がないと思っている人がいますが、大間違いです。動物の鳴き声は、騒音となり得る立派な公害ですから。無駄吠え等をなくすために、しつけや行動学を学ぶこと、騒音等の環境問題（公害）に関する法律や条約を学ぶこと、公衆衛生学で環境問題（公害）について学ぶこと、ふん尿処理等適切な飼育を学ぶこと、動物の愛護及び管理に関する法律で虐待について学ぶこと（ふん尿処理をしないのは虐待となる可能性）、ふん尿等の悪臭が公害であることを学ぶこと。挙げたらきりがありませんが、すべてつながっていますね。すべての科目はどこかでつながっているものです。何かを学んだら、それに関係するものを学ぶという正しい勉強法をしていれば、自ずと視野が広くなり、知識が身につきやすく、全体を把握しやすくなるものです。

問題10

残留性有機汚染物質（POPs）の説明として**適切でないのはどれか**。

1. 人への毒性が強い。
2. 生物への蓄積性が高い。
3. 遠くの環境を汚染しやすい。
4. 環境に有害である（環境内で分解されない）。
5. 揮発性がある。

正解　5

問題11

残留性有機汚染物質（POPs）に該当するのはどれか。

1. フロンガス
2. ダイオキシン
3. アスベスト
4. カドミウム
5. 浮遊状粒子物質（SPM）

正解　2

解説

　環境内で分解されず、生物に蓄積されやすく、人や生物への毒性が高く、地球上で長距離を移動して遠い国の環境を汚染するおそれのある物質の総称を残留性有機汚染物質（POPs）といいます。

　POPsの代表として、殺虫剤や農薬で有名なDDT、ポリ塩化ビフェニル（PCB）、ダイオキシン類の3つは必ず覚えましょう。

　また、POPsを規制するために、国際条約であるストックホルム条約があり、国内ではダイオキシン類対策特別措置法が制定されています。

　ちなみに、ダイオキシン類対策特別措置法で定めるダイオキシンは、ポリ塩化ジベンゾ-パラ-ジオキシン（PCDD）、ポリ塩化ジベンゾフラン（PCDF）、コプラナーポリ塩化ビフェニル（コプラナーPCB、またはダイオキシン様PCB）です。

問題12

PM 2.5 に関する記述として**誤りはどれか**。

1. 浮遊粒子状物質（SPM）より、さらに小さい粒子である。
2. 吸入すると、肺の奥に入り込みやすい。
3. 燃焼で生じるものと、大気中の化学反応で生じるものとがある。
4. 焼却炉、自動車、船舶等は発生源となる。
5. 直径が 2.5 マイクロメートル以上の粒子状物質の総称である。

正解　5

第1章

第2章

第3章

第4章

第5章

解説

　浮遊粒子状物質（SPM：10 μm以下の粒子）のなかでさらに小さく、2.5 μm以下の粒子状物質を PM 2.5と呼んでいます。PM 2.5は、非常に小さいため、肺の奥深くまで入り込みやすく、呼吸器系への影響に加え、循環器系への影響が心配されています。

ちょっとひとこと

　SDGs（エスディージーズ）という言葉を知っていますか。最近では、新聞、テレビ、公共の広告等でも、よく目にするようになってきたSDGsですが、愛玩動物看護師も知っておくべき重要な知識となります。国家試験で出題されてもされなくても重要なものは重要なのです。

　SDGsとは、持続可能な開発目標のことです。SDGsは、2015年9月の国連サミットで採択されたもので、国連加盟193カ国が2016年から2030年の15年間で達成するために掲げた17の目標になります。

　どの国の人々も、開発・発展し、豊かな暮らしをしたい。でも、そうすると環境破壊が進む。そのどちらも、バランスを取りながらやっていこうという取組みがSDGsというわけです。

　SDGsの目標のなかに、今まで学んできた環境問題のいくつかが入っていることがわかると思いますから、当然、愛玩動物看護師もこのSDGsに協力しなければならないわけですね。

　さて、ここで復習です。ラムサール条約のときに学んだ考え方とSDGsが関係していることがわかるでしょうか。そして、ラムサール条約がどうして、重要なのかがわかりますか。

外務省ホームページより

1．貧困をなくそう
2．飢餓をゼロに
3．すべての人に健康と福祉を
4．質の高い教育をみんなに
5．ジェンダー平等を実現しよう
6．安全な水とトイレを世界中に
7．エネルギーをみんなにそしてクリーンに
8．働きがいも経済成長も
9．産業と技術革新の基盤をつくろう
10．人や国の不平等をなくそう
11．住み続けられるまちづくりを
12．つくる責任つかう責任
13．気候変動に具体的な対策を
14．海の豊かさを守ろう
15．陸の豊かさも守ろう
16．平和と公正をすべての人に
17．パートナーシップで目標を達成しよう

2　食品衛生

問題1

わが国におけるダイオキシン類の食品別摂取割合において、最も高い比率を占めるものはどれか。
1. 肉類
2. 卵類
3. 魚介類
4. 乳・乳製品
5. 野菜・果物

正解　3

解説

　人が摂取するダイオキシン類の90％以上は、食事由来です。日本人の場合は、魚介類から摂取する量が最も高く、次いで肉・卵類からの摂取量が多く、乳・乳製品、緑黄色野菜からも摂取しています。

　国際条約、環境問題と順番に学び、いずれにも登場したダイオキシンですが、食品衛生にもつながることがわかりました。暗記するのではなく、ダイオキシンをなぜ学ばねばならないのか、知っておかねばならないのかを理解しましょう。そして、動物への影響にまで思いが至れば、理想的な愛玩動物看護師に近づいてきたといえるのではないでしょうか。

ちょっとひとこと

　ダイオキシンやPCB等のPOPsに蓄積性があることは、すでに学びましたが、なぜ蓄積性があるのでしょうか。

　簡単に説明しますと、ダイオキシン等のPOPsは、脂溶性だからです。脂肪をたくさん食べると、太る（体脂肪として蓄積する）のは、多くの方が知っています。それと同じ知識ですね。水溶性ビタミンより、脂溶性ビタミンのほうが中毒になりやすいのも、同じ理屈となります。

　日本人は、魚介類や肉等からダイオキシンを摂取しているわけですが、それらの食品のなかに、ダイオキシンが均等に分布しているわけではありません。どこかに多く、どこかには少ないので、少ない部分をなるべく食べ、多い部分を食べないようにすれば、健康被害は減らせます。魚介類では、内臓や皮等、肉では脂肪や内臓にダイオキシンは多く含まれているのですが、もうわかりましたね。そこは、脂肪がたまる部位なのです。

問題2

フグ毒はどれか。

1. アフラトキシン
2. エンドトキシン
3. テトロドトキシン
4. シガトキシン
5. シクトキシン

正解　3

解説

　フグ毒は、テトロドトキシンです。フグに毒があるのは、有名ですからテトロドトキシンという毒成分の名称も広く知られています。必ず覚えましょう。

　ちなみに、テトロドトキシンは、ボウシュウボラ（貝）、バイ（貝）、ツムギハゼ、ヒョウモンダコ、カブトガニ、スベスベマンジュウガニ、ウモレオウギガニ等多くの水生動物から検出され、フグに特有の毒というわけではありません。

ちょっとひとこと

　実は、特殊な条件の養殖フグにテトロドトキシンはなく、無毒です。つまりフグは生まれつき毒を体内にもつわけではないのですが、知っていましたか？

　テトロドトキシンは、海の細菌であるビブリオ属やシュードモナス属等からつくられています。これらの細菌が産生したテトロドトキシンは、生物濃縮により主にフグの体内に蓄積されていきます。ですから、養殖の条件が整えられれば、無毒の養殖フグがつくれることになるわけです。

　さて、フグ毒はなぜ、大事なのでしょう。もちろん猛毒のテトロドトキシンで人が死ぬことがあるから大事なのですが、テトロドトキシンについて学ぶうちに生物濃縮というキーワードが出てきました。生物濃縮は大事だ、と四大公害の水俣病で説明しましたね。数ある食品中の毒成分、そのなかでもフグ毒のテトロドトキシンが出題されやすいのにも、理由があるわけです。

問題3

わが国の食中毒に関する記述として**誤りはどれか**。

1. ウェルシュ菌の食中毒は、1事件当たりの患者数が多い。
2. カンピロバクターの食中毒は、冬季に多い。
3. ここ数年、ノロウイルスによる患者数が最も多い。
4. ノロウイルスの食中毒は、冬季に多い。
5. 腸炎ビブリオ食中毒は、海産魚介類の生食が原因となりやすい。

正解　2

解説

　細菌による食中毒は夏に多く、ウイルスによる食中毒は冬に多いという傾向がありますので、まずこれを覚えましょう。次に例外を覚えますが、例外はカンピロバクターによる食中毒で、真夏ではなく5〜6月に起こりやすく、事件数が多いのが特徴的です。

　また、腸炎ビブリオ食中毒が、魚介類の生食であることは、テトロドトキシンの生物濃縮の知識から思い出すようにしましょう。

問題4

食中毒病原体と関係が深い食品の組合せとして、**適切でないのはどれか。**
1.　ノロウイルス … 魚介類（カキ）
2.　腸炎ビブリオ … 魚介類
3.　リステリア … 牛乳、チーズ
4.　腸管出血性大腸菌 … 魚介類
5.　サルモネラ … 鶏肉、卵

正解　4

解説

　腸管出血性大腸菌感染症（EHEC）は、主に生肉（特に牛肉）やレバ刺しと関係が深い食中毒です。選択肢の食中毒病原体は、どれも有名です。そのなかでも、EHECは、感染症の予防及び感染症の患者に対する医療に関する法律（感染症法）の三類感染症として覚えるべき感染症であったことを思い出しましょう。

問題5

アニサキス症とその病原体に関する記述として**適切でないのはどれか。**
1.　人のアニサキス症は、海産魚介類の生食で起こる。
2.　胃アニサキス症の人では、激しい腹痛がみられる。
3.　寄生虫性の食中毒である。
4.　予防は、魚介類を加熱して食すことのみである。
5.　わが国では、魚介の生食が多いため、食中毒も多い。

正解　4

解説

　寄生虫であるアニサキス幼虫が、本来の終宿主である海産哺乳類に摂食されると、幼虫は胃内で成虫となり生活史は完結します。しかし、本来の宿主ではない人がアニサキス幼虫のいる海産魚やイカを生食した場合、幼虫は生きたまま摂取され、胃壁や腸壁に侵入し、アニサキス症の病原となります。

　アニサキス幼虫は熱処理（60 ℃、1分以上）だけでなく、冷凍処理でそのほとんどが不活性化す

ることが知られているため予防となります（お酢、しょうゆ等をつけても効果はありません）。魚介類の生食後数時間で激しい上腹部痛、悪心、嘔吐を発症するのが胃アニサキス症の特徴で、人の大半がこの症状を呈します（劇症型胃アニサキス症）。

　現在、アニサキスによる食中毒が疑われる患者を診断した医師は、保健所への届出義務があります（食品衛生法第58条・中毒に関する届出）。そのため、人への感染件数が把握できるようになり、毎年のように多くの食中毒を起こしていることがわかっています（平成30年度データでは事件数で1位です）。当然ですが、わが国で多く起こる食中毒、死者が多数出る食中毒は大事になりますので、アニサキス症はしっかりと勉強しておきましょう。

問題 6

水道水の塩素消毒が**無効なもの**はどれか。
1. 大腸菌
2. サルモネラ菌
3. クリプトスポリジウム（オーシスト）
4. ノロウイルス
5. 鳥インフルエンザウイルス

正解　3

 解説

　普段、私たちが使っている水道水は、多くの微生物に有効な塩素消毒をしているため、安全性が高いです。しかし、近年では、塩素消毒が無効な微生物が水道水に混入することがあり、危惧されています。その代表が寄生虫のクリプトスポリジウムなので、必ず覚えておきましょう。

　クリプトスポリジウムは、胞子虫類のコクシジウム目に属する寄生性原虫で、そのオーシストは4〜6μmの楕円形をしています。クリプトスポリジウムのオーシストは、人や牛等の哺乳動物に食物等を通して経口的に摂取されると、体内で増殖してふん便とともに環境中へ排出され、新たな宿主に寄生し、さらに増殖を続けるというサイクルを取ります。人では、クリプトスポリジウムのオーシストの経口感染で、水様性下痢等を呈します。

　現在は、あまり問題化していませんが、犬や猫にもクリプトスポリジウムは感染することがあります。犬や猫に感染させないことも大事ですが、犬や猫から人に感染することにも注意が必要です。

問題 7

「水道法」に基づく水質基準において「検出されないこと」と規定されているのはどれか。
1. 大腸菌
2. 水銀及びその化合物
3. カドミウム及びその化合物
4. 一般細菌
5. 総トリハロメタン

正解　1

解説

　2020年4月現在、水道法に基づく水質基準（51項目）のなかで、検出されないことと規定されているのは「大腸菌」だけです。大腸菌は腸管出血性大腸菌で、水銀とカドミウムは公害で、説明をしてきました。それを知っていれば、水質基準が設けられているのは、当然のことだと思えるはずです。

　また、トリハロメタンもぜひ、覚えましょう。上水道に含まれる塩素が有機物と反応して生じる有害物質を、トリハロメタンといいます。クロロホルム、ブロモジクロロメタン、ジブロモクロロメタン及びブロモホルムの4種をまとめて総トリハロメタンと呼びますが、4種には肝毒性があるほか、クロロホルムとブロモホルムには発がん性があり、ブロモジクロロメタンとジブロモクロロメタンはいずれも突然変異を誘発することが動物実験によって明らかになっています。

項目	基準	項目	基準
一般細菌	1 mLの検水で形成される集落数が100以下	総トリハロメタン	0.1 mg/L 以下
大腸菌	検出されないこと	トリクロロ酢酸	0.03 mg/L 以下
カドミウム及びその化合物	カドミウムの量に関して、0.003 mg/L 以下	ブロモジクロロメタン	0.03 mg/L 以下
水銀及びその化合物	水銀の量に関して、0.0005 mg/L 以下	ブロモホルム	0.09 mg/L 以下
セレン及びその化合物	セレンの量に関して、0.01 mg/L 以下	ホルムアルデヒド	0.08 mg/L 以下
鉛及びその化合物	鉛の量に関して、0.01 mg/L 以下	亜鉛及びその化合物	亜鉛の量に関して、1.0 mg/L 以下
ヒ素及びその化合物	ヒ素の量に関して、0.01 mg/L 以下	アルミニウム及びその化合物	アルミニウムの量に関して、0.2 mg/L 以下
六価クロム化合物	六価クロムの量に関して、0.02 mg/L 以下	鉄及びその化合物	鉄の量に関して、0.3 mg/L 以下
亜硝酸態窒素	0.04 mg/L 以下	銅及びその化合物	銅の量に関して、1.0 mg/L 以下
シアン化物イオン及び塩化シアン	シアンの量に関して、0.01 mg/L 以下	ナトリウム及びその化合物	ナトリウムの量に関して、200 mg/L 以下
硝酸態窒素及び亜硝酸態窒素	10 mg/L 以下	マンガン及びその化合物	マンガンの量に関して、0.05 mg/L 以下
フッ素及びその化合物	フッ素の量に関して、0.8 mg/L 以下	塩化物イオン	200 mg/L 以下
ホウ素及びその化合物	ホウ素の量に関して、1.0 mg/L 以下	カルシウム、マグネシウム等（硬度）	300 mg/L 以下
四塩化炭素	0.002 mg/L 以下	蒸発残留物	500 mg/L 以下
1,4-ジオキサン	0.05 mg/L 以下	陰イオン界面活性剤	0.2 mg/L 以下
シス-1,2-ジクロロエチレン及びトランス-1,2-ジクロロエチレン	0.04 mg/L 以下	ジェオスミン	0.00001 mg/L 以下
ジクロロメタン	0.02 mg/L 以下	2-メチルイソボルネオール	0.00001 mg/L 以下
テトラクロロエチレン	0.01 mg/L 以下	非イオン界面活性剤	0.02 mg/L 以下
トリクロロエチレン	0.01 mg/L 以下	フェノール類	フェノールの量に換算して、0.005 mg/L 以下

項目	基準	項目	基準
ベンゼン	0.01 mg/L 以下	有機物（全有機炭素（TOC）の量）	3 mg/L 以下
塩素酸	0.6 mg/L 以下	pH値	5.8 以上8.6 以下
クロロ酢酸	0.02 mg/L 以下	味	異常でないこと
クロロホルム	0.06 mg/L 以下	臭気	異常でないこと
ジクロロ酢酸	0.03 mg/L 以下	色度	5度以下
ジブロモクロロメタン	0.1 mg/L 以下	濁度	2度以下
臭素酸	0.01 mg/L 以下	（空白）	（空白）

「水質基準項目と基準値」（厚生労働省ホームページ）より

問題8

食品表示法で、表示が義務づけられているアレルギー食品はどれか。

1. ゼラチン
2. バナナ
3. 鶏肉
4. 豚肉
5. 卵

正解　5

 解説

　食品表示法という法律ですが、日常の食生活と密接に関係する食品衛生の知識でもあります。食品衛生法で表示が義務づけられているアレルギー食品は「卵、乳、小麦、えび、かに、そば、落花生」です。正解以外の選択肢は、すべて表示するのが推奨されているものとなります。

　ちなみに原因食材としては鶏卵、牛乳、小麦が多かったのですが、近年では、くるみなどの木の実類※が増えてきています。

　獣医師と愛玩動物看護師には、飼い主とその家族が、食物アレルギーをもっているかどうか配慮すべきときが、業務上あり得ます。その際に、必要なベースとなる知識がアレルギー表示義務（または推奨表示）の食品です。　※今後の法改正で、表示義務のある特定原材料は追加される可能性があります。

根拠規定	特定原材料等の名称	理由	表示の義務
食品表示基準（特定原材料）	えび、かに、小麦、そば、卵、乳、落花生（ピーナッツ）	特に発症数、重篤度から勘案して表示する必要性の高いもの。	表示義務
消費者庁次長通知（特定原材料に準ずるもの）	アーモンド、あわび、いか、いくら、オレンジ、カシューナッツ、キウイフルーツ、牛肉、くるみ、ごま、さけ、さば、大豆、鶏肉、バナナ、豚肉、まつたけ、もも、やまいも、りんご、ゼラチン	症例数や重篤な症状を呈する者の数が継続して相当数みられるが、特定原材料に比べると少ないもの。特定原材料とするか否かについては、今後、引き続き調査を行うことが必要。	表示を推奨

「アレルギー表示について」（消費者庁ホームページ）より

問題9

食品安全委員会の主な業務はどれか。
1. リスク管理
2. リスクヘッジ
3. リスク評価
4. リスクコミュニケーション
5. リスクガバナンス

正解　3

 解説

　食品安全委員会は、食品安全基本法に基づき、牛海綿状脳症の発生をきっかけにして、内閣府に設置された機関です。食品安全委員会は、主に科学的知見に基づいた食品健康影響評価の実施、つまり食品のリスク評価を行っています。食品安全委員会という名称、設置（内閣府）、主な業務（リスク評価）は、ぜひ覚えましょう。

　ちなみに、リスク管理を行うのは、主に厚生労働省、農林水産省、消費者庁等です。リスクコミュニケーションは、消費者・事業者と前述した管理者・評価者がコミュニケーションを図ることをいいます。このリスク評価、管理、コミュニケーションが3つの基本方針として重要です。リスクヘッジは危険を避けることという意味で、主に経済用語です。リスクガバナンスは社会全体のリスクへの対処というような意味に使われています。

問題10

世界経済の発展と人類の飢餓からの解放を目的として設立された国際機関はどれか。
1. 世界保健機関（WHO）
2. コーデックス委員会
3. 国際獣疫事務局（OIE）
4. 国連食糧農業機関（FAO）
5. 食品安全委員会

正解　4

 解説

　世界経済の発展と人類の飢餓からの解放を目的として設立された国際機関は、国連食糧農業機関（FAO）です。FAOは、「世界各国国民の栄養水準及び生活水準の向上」「食料及び農産物の生産及び流通の改善」「農村住民の生活条件の改善」を目的に施策を具体的に行っています。略語も含め、重要な国際組織なので、必ず覚えましょう。

問題11

食品の安全で公正な貿易を促すため、国連食糧農業機関（FAO）と世界保健機関（WHO）が、1963年に共同で設立した国際的な組織はどれか。
1. 食品安全委員会
2. コーデックス委員会
3. 国連安全保障理事会
4. 原子力規制委員会
5. 食育推進評価専門委員会

正解　2

解説

コーデックス委員会は、消費者の健康の保護、食品の公正な貿易の確保等を目的として、1963年に国連食糧農業機関（FAO）と世界保健機関（WHO）により設置された国際的な政府間機関で、国際食品規格の策定等を行っています。わが国は1966年より加盟しています。コーデックス委員会は、大変重要な国際組織なので、名称と業務内容は必ず覚えましょう。

問題12

畜産農場における飼養衛生管理向上の取組認証基準の略語はどれか。
1. 農場 HACCP 認証基準
2. 酪農 HACCP 認証基準
3. 動物 HACCP 認証基準
4. 食肉 HACCP 認証基準
5. 牛乳 HACCP 基準

正解　1

解説

畜産物の安全性向上のためには、個々の畜産農場における衛生管理をより向上させ、健康な家畜を生産することが重要です。このため、農林水産省では、畜産農場に危害要因分析・必須管理点（HACCP：ハサップ）の考え方を取り入れた飼養衛生管理を推進しており、2009年（平成21年）8月に、「畜産農場における飼養衛生管理向上の取組認証基準（農場HACCP認証基準）」を公表しました。 現在は公益社団法人中央畜産会が、この基準に基づき審査を行ったうえで、畜産農場を認証しています。

なお、一般的に、HACCPシステムの構築には「HACCP（危害要因分析必須管理点）システム及びその適用のためのガイドライン（コーデックス委員会）に示されている7原則12手順の適用が基本となっています。そして、国内の認証基準は、コーデックス委員会のガイドラインに従っています。

問題13

HACCP の 7 原則に該当しないのはどれか。
1. 文書・記録の保管
2. 検証方法の設定
3. HACCP チームの結成
4. 危害要因の分析
5. 重要管理点の決定

正解　3

解説

　HACCP 方式は、以下に示す 7 の原則と 12 の手順からなっており、元々は米国航空宇宙局（NASA）における宇宙食の安全確保のため開発された高度な衛生管理手法です。

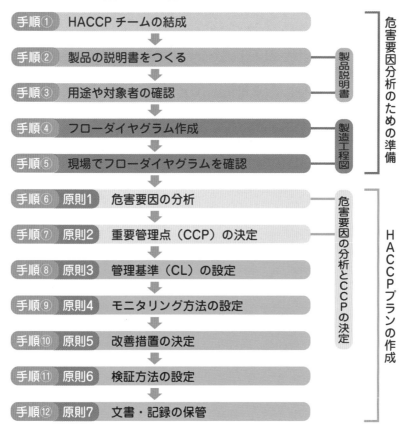

「HACCP の 7 原則と 12 手順」（株式会社エフアンドエムホームページ）より

ちょっとひとこと

　食品衛生の仕上げとして、国際組織と日本の組織、システムについての予想問題をつくりました。各問題を1つだけみてしまうと、なぜこのような知識を問われるのか、わかりにくいと思います（教科書を読んでも、同じかもしれませんね）。しかし、順に予想問題を解いていくなかで、全体像や流れが把握できたかと思います。

　これらの知識は、愛玩動物看護師の仕事に直結する知識ではないかもしれませんが、安全な食があるから平和で、健康に生活ができ、動物を飼育できるということを理解しましょう。

3　感染症（人獣共通感染症）

問題1

蚊が媒介する人獣共通感染症はどれか。

1. トキソプラズマ症
2. レプトスピラ症
3. 高病原性鳥インフルエンザ感染症
4. ウエストナイル熱
5. Q熱

正解　4

問題2

ノミが媒介する人獣共通感染症はどれか。

1. リフトバレー熱
2. クリミア・コンゴ出血熱
3. 野兎病
4. 伝達性海綿状脳症
5. ペスト

正解　5

問題3

シラミが媒介する人獣共通感染症はどれか。

1. 発疹チフス
2. つつが虫病
3. 日本紅斑熱
4. ロッキー山紅斑熱
5. Q熱

正解　1

問題 4

マダニが媒介する人獣共通感染症はどれか。
1. 黄熱
2. 重症熱性血小板減少症候群（SFTS）
3. デング熱
4. 日本脳炎
5. 西部ウマ脳炎

正解　2

問題 5

人獣共通感染症と媒介動物の正しい組合せはどれか。
1. ウエストナイル熱 … マダニ
2. Q熱 … マダニ
3. 発疹チフス … 蚊
4. つつが虫病 … マダニ
5. リフトバレー熱 … ノミ

正解　2

解説

　典型的なお約束問題です。人獣共通感染症と媒介動物は、必ず問われる知識と考えてください。近年では、特に蚊やマダニが媒介する感染症が問題となりましたので、特に蚊とマダニが媒介する人獣共通感染症を中心に覚えます。あとは、例外的な媒介動物を注意して覚えましょう。

マダニの媒介	蚊の媒介	その他
・クリミア・コンゴ出血熱	・リフトバレー熱	・ペスト：ノミ
・重症熱性血小板減少症候群（SFTS）	・ウエストナイル熱	・腸管出血性大腸菌感染症：ハエ
・ライム病	・黄熱	・発疹チフス：シラミ
・Q熱	・デング熱	・野兎病：蚊、ダニ、アブ
・ダニ媒介脳炎	・日本脳炎	・回帰熱：シラミ、ヒメダニ
・オムスク出血熱	・西部ウマ脳炎	・つつが虫病：ツツガムシ（恙虫）
・キャサヌル森林病	・東部ウマ脳炎	
・日本紅斑熱	・ベネズエラウマ脳炎	
・ロッキー山紅斑熱		

　人獣共通感染症は、たくさんあり、覚えるのが大変です。まじめな受験生ほど、すべて暗記しようと頑張りますが、覚える際には強弱をつけることも受験テクニックとして不可欠です。

　問題に登場する人獣共通感染症は「近年、わが国で問題となった」「国内で多くの感染者が出ている」「獣医療関係者に感染しやすい」「法律で届出感染症に指定されている」「歴史的に重要」等の特徴があると考え、勉強するようにしましょう。

　また、媒介動物がマダニや蚊等である人獣共通感染症の予防として、殺虫剤が重要になってきます。「だから、殺虫剤の成分の知識が問われるだろう」、「誤って使ってしまった場合の中毒や環境への影響の知識が問われるかも」、「そして禁止薬物（DDT等）も大事な知識だな」、とつながりが見えてくれば、自ずと勉強すべきことや、重要な知識がわかってくるものなのです。

問題6　病原体の保有動物が主にコウモリである人獣共通感染症はどれか。
1．重症急性呼吸器症候群（SARS）
2．中東呼吸器症候群（MERS）
3．ウエストナイル熱
4．高病原性鳥インフルエンザ
5．細菌性赤痢

正解　1

問題7　病原体の保有動物が主にげっ歯類である人獣共通感染症はどれか。
1．エボラ出血熱
2．マールブルグ病
3．ラッサ熱
4．炭疽
5．鼻疽

正解　3

問題8　病原体の保有動物が主にサルである人獣共通感染症はどれか。
1．リフトバレー熱
2．日本脳炎
3．類鼻疽
4．オウム病
5．Bウイルス病

正解　5

解説

　感染症は「感染源」「感染経路」「感受性」の3要因がすべてそろったときに発症します。媒介動物の知識や病原体保有動物の知識は、当然ですが、感染予防に直結する知識なので、重要となってきます。ぜひ覚えましょう。サルとコウモリが病原体保有動物の人獣共通感染症は、重篤な症状を示すことが多いという観点で、鳥類とげっ歯類は防疫（海外から入る）の観点で重要となってきます。

▼主な人獣共通感染症と病原体保有動物

人獣共通感染症	主な病原体保有動物	人獣共通感染症	主な病原体保有動物
エボラ出血熱	オオコウモリ	マールブルグ病	オオコウモリ
ラッサ熱	げっ歯類（ヤワゲネズミ）	重症急性呼吸器症候群（SARS）	コウモリ、ハクビシン
中東呼吸器症候群	ヒトコブラクダ	鳥インフルエンザ	鳥類、豚、馬
E型肝炎	豚、イノシシ	狂犬病	コウモリ、スカンク、あらいぐま、きつね等
Bウイルス病	サル	サル痘	サル、げっ歯類、プレーリードッグ等
重症熱性血小板減少症候群（SFTS）	猫、チーター、犬、野生動物等	腎症候性出血熱	げっ歯類
リフトバレー熱	反すう動物	ダニ媒介脳炎	げっ歯類、鳥類、山羊
日本脳炎	豚、鳥類等	ウエストナイル熱	鳥類、リス
黄熱	サル	ペスト	げっ歯類、猫、犬
結核	サル等	腸管出血性大腸菌感染症	牛、羊、豚等
細菌性赤痢	サル	野兎病	野兎、げっ歯類等
炭疽	草食動物	ライム病	げっ歯類、鳥類等
回帰熱	げっ歯類	類鼻疽	げっ歯類等
鼻疽	馬、ロバ	レプトスピラ症	げっ歯類等
ブルセラ症	反すう動物、豚、犬等	オウム病	鳥類等
Q熱	鳥類、猫、牛等	クリプトスポリジウム症	牛、人等
アメーバ赤痢	サル	ジアルジア症	サル、人等

第1章

第2章

第3章

第4章

第5章

問題9

わが国において**国内発生がみられない**人獣共通感染症はどれか（2020年4月現在、輸入感染症を含まない）。

1. エボラ出血熱
2. E型肝炎
3. Bウイルス病
4. 重症熱性血小板減少症（SFTS）
5. デング熱

正解　1

解説

　選択肢のなかで、国内発生がみられないのはエボラ出血熱です（エボラ出血熱は、海外で感染し、国内に感染者が入るという輸入感染例はあります）。選択肢のデング熱、重症熱性血小板減少症（SFTS）、Bウイルス病は、近年国内で発生し、大きな問題となりました。特にBウイルス病は、日本ではこれまで報告がありませんでしたが、2019年に実験サル取扱施設（鹿児島）の従事者で2例の患者発生がはじめて報告されました。こういったニュースになるような人獣共通感染症の国内発生事例の有無は、やはり把握しておきたいものです。

問題10

レプトスピラ症に関する記述として**適切でないのはどれか**。

1. ネズミや野生動物が自然宿主となり得る。
2. 人では、黄疸や腎障害等を示す。
3. 治療には、ストレプトマイシンが有効である。
4. 保菌動物の尿で汚染された水等から経皮、経口で感染する。
5. 犬ではワクチンが利用不可能である。

正解　5

解説

　犬では、ワクチンによるレプトスピラ症の予防が可能です。レプトスピラ症で出題されるポイントは選択肢の「保菌動物、感染経路、人や動物の症状、治療法と予防法」以外に、家畜伝染病予防法の届出伝染病である点が重要です。出題確率が高い病気なので、たくさん覚えることがありますが、きちんと勉強すれば正解できるので、しっかりと覚えましょう。

問題11

ブルセラ症に関する記述として**適切でないのはどれか**。
1. 牛、羊、山羊の感染予防にはワクチンを利用できる。
2. 細胞内に感染するグラム陰性好気性短桿菌である。
3. 感染犬の尿から、感染が拡大することがある。
4. 感染動物の乳や乳製品を食べると、人に感染する。
5. 犬では重症化することが多い。

正解　5

 解説

　ブルセラ症のポイントは「ブルセラ菌の特徴（細胞内寄生性）、感染する動物（主に牛、犬、人）、感染経路、症状（特に流産）、予防法」となります。

　牛では流産胎子、胎盤、悪露、精液、乳汁に大量の菌が存在し感染源となりますが、犬では感染雄犬の尿から排菌が持続するので、犬が集団飼育されている場所で問題となります。

　ブルセラ症の人への感染は感染動物の乳・乳製品の喫食（食べるという行為）、感染動物やその死体及び流産胎子との接触によって起こります。

　犬のブルセラ症では、体内に侵入した病原菌はまずリンパ節で増殖し、次いで菌血症を起こします。一般症状はほとんどなく、妊娠後期の流死産、前立腺炎や精巣上体炎、関節炎等を起こします。ブルセラ症では牛用のワクチンや羊・山羊用のワクチンはありますが、犬用のワクチンや人用のワクチン（予防接種）はありません。

問題12

トキソプラズマ症に関する記述として**適切でないのはどれか**。
1. 人への主な感染源は魚介類の生食である。
2. 妊娠女性が初感染すると、胎児に垂直感染することがある。
3. 先天性トキソプラズマ症では、水頭症や視力障害等がみられる。
4. 妊娠女性では、不顕性感染から流死産までさまざまな症状がでる。
5. 妊娠女性は、特に妊娠 21 ～ 28 週付近で初感染しないようにすべきである。

正解　1

 解説

　トキソプラズマ症の最大のポイントは、なんといっても妊婦への感染です。妊娠前にトキソプラズマに感染していれば問題はありませんが、妊娠中に初感染すると、胎盤を通過して胎児に垂直感染することがあります。妊娠中は、基本的に全期間で抗体をもたない妊婦は気をつけるべきですが、特に21 ～ 28週付近は生肉（特に豚肉）を食べない、猫のふんに触らない等の注意が必要です。

　胎内感染の転帰は、不顕性から流死産までさまざまで、顕性感染の場合でもその重症度はさまざまです。先天性トキソプラズマ症では、水頭症、脈絡膜炎による視力障害、脳内石灰化、精神運動機能障害が 4 大徴候として知られており、その他もリンパ節腫脹、肝機能障害、黄疸、貧血、血小板減少等がみられることもあります。

愛玩動物看護師として、猫を飼育している妊婦に対し、トキソプラズマ予防のアドバイスをすることは、大変重要ですから、必ず覚えましょう。

問題13

口蹄疫に関する記述として**適切でないのはどれか。**
1. 口蹄疫ウイルスは、最初に発見された動物ウイルスである。
2. 口蹄疫ウイルスはエンベロープを有する。
3. 接触伝播だけでなく、空気伝播・風伝播をするため、感染力が強い。
4. 偶蹄類の伝染病として重要である。
5. 発熱、泡沫性流涎、跛行、起立不能、泌乳量低下、口腔内水疱等が特徴的である。

正解　2

 解説

　口蹄疫は牛・水牛・鹿・めん羊・山羊・豚・いのしし（偶蹄類）を対象とした家畜伝染病予防法に指定されている法定伝染病で、接触感染、空気感染するだけでなく、風邪でもウイルスが伝播してしまうため、大変感染力が高いです。

　意外かもしれませんが、口蹄疫ウイルスは、人も含めた動物ウイルスとしてはじめて発見されたウイルスです。エンベロープがないため、アルコール等の消毒薬に抵抗性があることも、感染が拡大しやすい要因になっています。

　家畜伝染病予防の法定伝染病に指定されているだけでなく、飼養衛生管理基準で特定症状（発熱、泡沫性流涎、跛行、起立不能、泌乳量低下、口腔内等の水疱等）が指定されていますので、家畜所有者にも都道府県知事への届出義務があります。

　当たり前ですが、ミニブタの飼い主等には、特定症状を教えておくことは責務となります。

問題14

飼料規制等の対策により、2013年にわが国が国際機関から「無視できるリスクの国」として認められた伝染病はどれか。
1. 口蹄疫
2. 高病原性鳥インフルエンザ
3. 豚熱（CSF）
4. 牛海綿状脳症（BSE）
5. 狂犬病

正解　4

 解説

　飼料規制等の対策により、2013年にわが国が国際獣疫事務局（OIE）から「無視できるリスクの国」として認められたのは、牛海綿状脳症（BSE）です。この背景に、牛海綿状脳症対策特別措

置法や牛の個体識別のための情報の管理及び伝達に関する特別措置法（牛トレーサビリティ法）といった国内の法律があったことも、ぜひ覚えておきましょう。

問題15

伝達性海綿状脳症の病原体はどれか。
1. 細菌
2. ウイルス
3. 真菌
4. 異常プリオンタンパク質
5. リケッチア

正解　4

解説

　伝達性海綿状脳症（別名：プリオン病）の病原体は、異常プリオンタンパク質です。伝達性海綿状脳症は、脳内に異常プリオンタンパク質が蓄積することで発症する神経性の病気で、牛海綿状脳症（BSE）や、めん羊と山羊のスクレイピー、鹿慢性消耗病（CWD）が家畜の伝達性海綿状脳症として法定伝染病に指定されています。

　なお、海綿状脳症が異常プリオンタンパク質を介してほかの個体に伝わることを「伝達（transmission）」と呼び、細菌やウイルス等の病原微生物の「伝染（infection）」と区別していますので、注意しましょう。

問題16

異常プリオンタンパク質で生じる疾患はどれか。
1. めん羊の伝染性無乳症
2. 牛の口蹄疫
3. 鳥のインフルエンザ
4. 猫の海綿状脳症
5. ミンクのアリューシャン病

正解　4

解説

　異常プリオンタンパク質を病原体とする疾患には、牛海綿状脳症（BSE）、猫海綿状脳症、めん羊のスクレイピー、ミンクの伝達性ミンク脳症、鹿慢性消耗病（CWD）等があります。猫にも海綿状脳症が起こることがわかりましたので、プリオン病は、愛玩動物看護師には関係ないとは思わず、しっかり勉強しましょう。

第1章

第2章

第3章

第4章

第5章

問題17

牛海綿状脳症（BSE）の潜伏期間として適切なのはどれか。

1. 2〜8時間
2. 2〜8週間
3. 2〜8か月
4. 2〜8年
5. 20〜80年

正解　4

解説

　牛海綿状脳症（BSE）の潜伏期間は、2〜8年と考えられています。このため、牛等の診療簿と検案簿の保存期間が8年であることを思い出しましょう。

問題18

プリオン病における消毒滅菌法として**適切でないのはどれか**。

1. 冷却
2. 3％SDS（ドデシル硫酸ナトリウム）5分間、100℃
3. 132℃で1時間、オートクレーブにて高圧滅菌
4. 1N水酸化ナトリウム溶液に1時間、室温にて浸す
5. 1.5％次亜塩素酸ナトリウムに2時間、室温にて浸す

正解　1

解説

　プリオン病の消毒滅菌法は、ガイドラインで次のように推奨されています。基本的には、焼却と高圧蒸気滅菌の効果が高いので、高圧蒸気滅菌の温度と時間の条件は、覚えるべきでしょう。

---

1. プリオンを完全に不活性化する方法
　高温による焼却

2. 感受性実験動物に対する伝達性を失わせるレベルの不活性化
　次亜塩素酸ナトリウム（NaOCl）（次亜塩素酸ナトリウムとして2％、もしくは20,000ppm以上）、高濃度アルカリ洗浄剤（pH12以上）、ドデシル硫酸ナトリウム／水酸化ナトリウム（SDS／NaOH）（SDS 0.2％を含むNaOH 3％水溶液）

「プリオン病感染予防ガイドライン2020」（プリオン病のサーベイランスと感染予防に関する調査研究班・日本神経学会ガイドライン）より

問題19

牛海綿状脳症の特定危険部位（SRM）に**該当しないのはどれか。**

1. 扁桃
2. 回腸遠位部
3. 脊髄
4. 脊柱
5. 肝臓

正解　5

 解説

　特定危険部位（SRM）とは、牛海綿状脳症の原因となる異常プリオンタンパク質が溜まる部位のことです。牛では、全月齢の扁桃及び回腸遠位部、30か月齢超の頭部（舌、頬肉、皮を除く）と脊髄及び脊柱がSRMとされており、と畜検査員によってこれら部位が適切に除去されているか確認されています。

　なお、山羊・めん羊については、全月齢の脾臓、回腸、12か月齢超の頭部（舌、頬肉、皮を除く）、脊髄がSRMとされています。

　当然ですが、SRMを食べることが危険であるという知識が予防につながりますので、必ず覚えましょう。

問題20

わが国における、高病原性鳥インフルエンザ発生時の防疫措置に関する正しい記述はどれか。

1. 発生時には、周辺農場等のリング・ワクチネーションを行う。
2. 死亡した鶏はすべて焼却処分を行う。
3. 原則、摘発・淘汰を行う。
4. 周辺農場の鶏はすべて殺処分を行う。
5. 鶏のみが対象となっている。

正解　3

 解説

　わが国では、高病原性鳥インフルエンザ発生時の防疫措置として殺処分及び移動・搬出制限によりまん延防止、早期撲滅を図りますが、これを摘発・淘汰といいます。

　高病原性鳥インフルエンザ発生時にワクチンは用いず、周辺農場の罹患していない鶏を処分することもありません。また焼却の必要性もありません。高病原性鳥インフルエンザは、家畜伝染病予防法の法定伝染病に指定され、対象動物は家きん（鶏、あひる、うずら、きじ、だちょう、ほろほろ鳥、七面鳥）と規定されています。

第5章

問題21

飼養衛生管理基準で定める高病原性鳥インフルエンザの特定症状はどれか。

1. 同一家禽舎内において、1日の家禽死亡率が対象期間における平均家禽死亡率の2倍以上となること。
2. 同一家禽舎内において、1日の家禽死亡率が対象期間における平均家禽死亡率の3倍以上となること。
3. 同一家禽舎内において、1日の家禽死亡率が対象期間における平均家禽死亡率の5倍以上となること。
4. 同一家禽舎内において、1日の家禽死亡率が対象期間における平均家禽死亡率の10倍以上となること。
5. 同一家禽舎内において、1日の家禽死亡率が対象期間における平均家禽死亡率の100倍以上となること。

正解　　1

解説

　家畜伝染病予防法で定める飼養衛生管理基準では、高病原性鳥インフルエンザの特定症状（同一家禽舎内において、1日の家禽死亡率が対象期間における平均家禽死亡率の2倍以上となる）を発見した獣医師と家畜所有者に対し、都道府県知事への届出を義務としています。飼養衛生管理基準は、大変重要です。大まかでもよいので、ルールを頭に入れておきましょう。

高病原性及び低病原性鳥インフルエンザに関する特定症状

　次に掲げる症状を呈していることを発見した獣医師または家畜所有者は、都道府県知事にその旨を届出なければならない。

【高病原性鳥インフルエンザ】

	鶏、あひる、うずら、きじ、だちょう、ほろほろ鳥及び七面鳥
症状	同一の家きん舎内において、一日の家きんの死亡率が対象期間における平均の家きんの死亡率の2倍以上となること。ただし、家きんの飼養管理のための設備の故障、気温の急激な変化、火災、風水害その他の非常災害等高病原性鳥インフルエンザ以外の事情によるものであることが明らかな場合は、この限りでない。

※「対象期間」とは、当日から遡って21日間（当該期間中に家畜の伝染性疾病、家きんの飼養管理のための設備の故障、気温の急激な変化、火災、風水害その他の非常災害等家きんの死亡率の上昇の原因となる特段の事情の存した日または家きんの出荷等により家きん舎が空となっていた日が含まれる場合にあっては、これらの日を除く通算21日間）をいう。

【高病原性鳥インフルエンザまたは低病原性鳥インフルエンザ】

	鶏、あひる、うずら、きじ、だちょう、ほろほろ鳥及び七面鳥
症状	家きんに対して動物用生物学的製剤を使用した場合において、当該家きんにA型インフルエンザウイルスの抗原またはA型インフルエンザウイルスに対する抗体が確認されること。

※「動物用生物学的製剤」とは、薬事法第83条第1項の規定により読み替えて適用される同法第14条第1項または第19条の2第1項の承認を受けた動物用生物学的製剤をいう。
※改正された家畜伝染病予防法では、高病原性鳥インフルエンザ及び低病原性鳥インフルエンザについては、殺処分に際しての手当金について、評価額の4／5から5／5に引き上げる一方で、発生の予防等に必要な措置を講じなかった場合には、手当金を交付しない、あるいは減額することになります。
　具体的には、発生農家における飼養衛生管理基準全体の遵守状況が、標準的な畜産農家の遵守状況と比べて、大きく劣っているかどうか等を精査したうえで判断することになります。したがって、飼養衛生管理基準の一部項目の遵守が不十分であることのみを理由として、手当金が直ちに減額されることにはなりません。

「飼養衛生管理基準について」（農林水産省ホームページ）より

問題22

重症熱性血小板減少症候群(SFTS)に関する記述として**適切でないのはどれか**。

1. マダニが媒介する。
2. 人だけでなく、犬や猫にも感染する。
3. 抗菌薬投与が有効である。
4. 西日本中心に全国に広がりつつある。
5. 人や犬・猫等に発熱や消化器症状を起こす。

正解　3

解説

　重症熱性血小板減少症候群（SFTS）はマダニ媒介の人獣共通感染症で、犬や猫等にも感染することがあるため、しっかりと勉強しておく必要があります。犬や猫が感染した場合、無症状であることが多いですが、人と同様に発熱や消化器症状を起こすことがあります。

　有効な薬剤や治療法は、現在のところありません。そのため、対症療法が中心となります。ワクチンもないため、予防法はマダニ防除以外にありません。山や草むらに入ったら、必ずマダニがいないか、咬まれていないかチェックしましょう。犬・猫の飼い主には、被毛の薄い目・鼻・耳・指の間等を重点的に観察するよう、指導するとよいでしょう。

問題23

狂犬病に関する記述として**適切でないのはどれか**。

1. 病原体はラブドウイルス科リッサウイルス属に属する。
2. 唾液、体液、創傷等から直接接触感染をする。
3. 四類感染症に指定されている。
4. 哺乳類に感受性がある。
5. 人から人への感染を起こす。

正解　5

問題24

狂犬病に関する記述として**適切でないのはどれか**。

1. 人の潜伏期間は 1 ～ 3 カ月間程度である。
2. 犬の潜伏期間は 2 日～ 2 週間程度である。
3. 日本、英国等一部の地域を除いて、全世界に分布している。
4. 全世界の年間死亡者数推計は、55,000 人とされる。
5. わが国では、近年で、人の輸入感染例がある。

正解　2

第1章

第2章

第3章

第4章

第5章

問題25

狂犬病に関する記述として**適切でないのはどれか**。

1. 人では、発症後のワクチン接種が治療として有効である。
2. 狂騒型の症状の犬では、極度な興奮や攻撃行動がみられる。
3. 麻痺型の犬では、食物や水を飲み込めないという症状がでる。
4. アジア・アフリカでは、感染動物として犬や猫が多い。
5. 欧米では、感染動物としてきつね、あらいぐま、スカンク、コウモリ、猫、犬が多い。

正解　1

問題26

海外渡航先での狂犬病予防策として適切なのはどれか。

1. 犬や猫を見かけたら、やさしくなでる。
2. 犬等に咬まれたら、まず警察に行く。
3. 犬等に咬まれたら、日本に戻ってから病院へ行く。
4. 帰国検疫の際、犬等に咬まれたことは秘密にしておく。
5. むやみに犬や猫に手を出さず、近づかない。

正解　5

解説

　狂犬病は本命中の本命で、必ず出題されると思ってください。狂犬病に関しては、どこが大事な知識というのではなく、すべて大事な知識となります。関連法規、国内と海外の発生状況、感染経路、潜伏期間、症状、治療法、予防法、病原体の特徴、ウイルスの保有動物等、広範囲に勉強し、どこを出題されてもよいように完璧にすることが必要です。

　狂犬病は、基本的に人から人への感染はほとんど起こらないとされていますので、人からの感染拡大は危惧するほどではありません。感染した場合、人の潜伏期間は1〜3か月間程度で、この期間（発症前）に治療（ワクチン接種）を受ければ、死なずに済みますが、ひとたび発症すれば、ほぼ助かりません。一方、犬の潜伏期間は2週間〜2か月間程度です。人の潜伏期間と多少のずれがありますので、注意しましょう。

　現在、国内での狂犬病発生は長い間、起こっていませんが、海外渡航先で感染して帰国するという輸入感染例は、最近でも時折起こっています。世界中に分布している感染症ですので、地域ごとに注意すべき動物を渡航前に覚え、むやみに近づかない、手を出さない等の自己防衛をしっかりと行いましょう。

　なお万が一、海外渡航先で犬等に咬まれた場合は、すぐに傷口を石鹸と水でよく洗い流し、現地の医療機関を受診しましょう（傷の手当とワクチン接種を受けましょう）。帰国の際には、検疫所（健康相談室）に、渡航先で起こった出来事を相談するのも忘れないようにしましょう。

ちょっとひとこと

　愛玩動物看護師の職務内容を考え、狂犬病は日本では起きないと勝手に決めつけず、最悪を想定して勉強しておきましょう。狂犬病の犬が目の前に現れたとき、症状からきちんと疑えますか？　何に注意し、どのように行動すべきか、科学的にも法的にも適切な対応ができますか？

　パニックになることなく、周囲の人や動物に感染が拡がらないよう、配慮できますか？

　怖い病気はたくさんありますが、最も怖い病気は感染症（特に人獣共通感染症）です。理由は主に二つあります。一つ目は、何の罪もない人や動物が病気になること（感染症以外の病気は、うつりませんから）。二つ目は、恐ろしい感染症が起きると人の心は蝕まれるからです。特に日本は、島国で感染症の脅威にあまりさらされたことがないため、感染症が拡大すると、人が人を憎んだり、差別が起きたり等、悪い連鎖反応が起きた経験があまりありません。授業で説明しても、学生は実感がわかないようですが、新型コロナウイルス感染症で得難い経験をしたはずですので、必ず仕事に活かしましょう。

　最悪の事態を想定し行動しておけば、どんなケースにも対応できます。最悪なんて起こらないと思い込まずに想定しておかないと、最悪の事態が起こった場合、何もできません。狂犬病は、撲滅された病気ではありません。国内発生を必ず想定して勉強しましょう。

第1章 第2章 第3章 第4章 第5章

問題27

エキノコックス症（多包条虫症）に関する記述として**適切でないのはどれか**。

1. 人では、重度の肝機能障害を起こす。
2. 人の潜伏期間は、半年〜1年程度である。
3. わが国では、北海道を中心に、全国に広がりつつある。
4. 犬は感染しても、不顕性感染が多い。
5. 成虫には、プラジクアンテルが有効である。

正解　2

問題28

エキノコックス症（多包条虫症）に関する記述として**適切でないのはどれか**。

1. 北きつねや犬は、ふん便に大量の虫卵を排泄する。
2. 北きつねや犬のふん便中の虫卵が、人の体内に入ることが多い。
3. 野ネズミから人へ感染する。
4. 犬は野ネズミを食べること等で感染する。
5. 発生地域では、犬を放し飼いにしないことは、予防となる。

正解　3

解説

　エキノコックス症（多包条虫症）は、犬では無症状の不顕性感染が多いのですが、人に感染すると重篤な肝障害を起こすことや、潜伏期間が長く、5〜10年は無症状で、感染しても気づきにくいという点で重要な感染症となります。

　人への感染ルートは北きつねや犬のふん便中にある虫卵です。北きつねや犬は、中間宿主のネズ

ミを食べること等で、感染します。人は、ネズミと同じ中間宿主であるため、ネズミから人への感染は起きません。ですから、発生地域では犬がうろつくと、犬・人双方の感染リスクが上がることになりますので、犬を放し飼いにしないことは、予防法として有効です。

発生地域で働いている愛玩動物看護師が犬のふん便に注意するのは当然ですが、感染地域が拡大しているので、発生地域以外でも、注意するようにしてください。

問題29

ウエストナイル熱（ウエストナイル脳炎）に関する記述として**適切でないのはどれか**。
1. 蚊を媒介にして人に感染する。
2. 人での潜伏期間は、3～15日間程度である。
3. 治療法は特になく、対症療法が主となる。
4. ウイルスの増幅動物はヒトコブラクダである。
5. 重症では、頭痛、高熱、脊髄炎・脳炎症状がみられる。

正解　4

 解説

　ウエストナイル熱は蚊が媒介する人獣共通感染症として、わが国で最も注視している感染症の一つです。輸入感染例があるだけで、国内発生はありませんが、いつ発生してもおかしくありません。以前に同じように蚊が媒介するデング熱が東京都内で起こりましたが、デング熱よりも危険性が高いので必ず覚えましょう。

　病原体のウエストナイルウイルスは、鳥類と蚊の間で感染環が成立しており、人や動物は終宿主になります。感染した鳥の血液を吸った蚊が、人に吸血することで伝播していきます。よってウイルスの増幅動物は鳥類です。

　感染した人の約8割が不顕性感染で、発症した場合、軽症では発熱、頭痛、筋肉痛、発疹、リンパ腫症等がみられますが、1週間程度で回復します。重症では、頭痛、高熱、方向感覚の欠如、麻痺、昏睡、震え、けいれん等の脊髄炎・脳炎症状がみられますが、重篤な症状を示すのは、感染患者の約1％（多くは高齢者）で、致死率は重症患者の3～15％といわれています。

　元来は名前の通り、アフリカの感染症でしたが、それがアメリカで発生したときに、病原性が高くなって感染拡大した経緯があります。そのため、致死率等のデータは、国内発生でも同じとは限りませんので注意しましょう。

ちょっとひとこと

　国家試験では、吸血する動物はどれか、雌のみ吸血する昆虫はどれか、といった問題がよく出題されます。犬や猫が好きで仕事を選んだ人にとっては、昆虫なんてどうでもよいと思ってしまいがちですが、感染予防として不可欠な知識であることを理解し、興味をもって覚えましょう。

問題30

ペストに関する記述として**適切でないのはどれか**。
1. ペスト菌（*Yersinia pestis*）感染で起こる人獣共通感染症である。
2. 主な保菌動物は、げっ歯類である。
3. 有効な治療薬が存在する。
4. 人への感染は、ノミによる感染経路のみである。
5. 人から人へ、飛沫感染をすることがある。

正解　4

解説

　ペストは、昔のヨーロッパで黒死病としておそれられた、大変怖い感染症です。一類感染症であることや、プレーリードッグを対象に獣医師の届出感染症になっていることも含めて、しっかり勉強しておきましょう。

　ペストは、げっ歯類が保菌宿主で、節足動物（ノミ）によって伝播されます。ペスト菌感染動物を感染源とする直接感染や、肺ペスト感染動物（患者）からの飛沫感染もあります。

　治療薬として、フルオロキノロン系、アミノグリコシド系、テトラサイクリン系の抗菌薬が有効ですが、適切な抗菌薬による治療が行われなかった場合、30％以上の患者が死亡するといわれています。

問題31

エボラ出血熱に関する記述として**適切でないのはどれか**。
1. フィロウイルス科エボラウイルスによる感染症である。
2. 体液等（血液、分泌物、嘔吐物、排泄物）に触れることにより感染する。
3. 流行地域の感染コウモリとの接触は危険である。
4. 致死率はウイルスによって異なるが、高くて 10 ～ 20％といわれる。
5. 人の潜伏期間は、2 ～ 21 日（平均約 1 週間）で、症状は突発的に現れる。

正解　4

解説

　ペストと同じく、一類感染症に指定されているエボラ出血熱も当然重要な人獣共通感染症です。エボラ出血熱は、直接接触感染なので、流行地域に近寄らなければ危険性が少ないのが救いですが、致死率は高くて80 ～ 90％といわれています。

　近年では、たびたび問題となっており、2014年 3 月以降、ギニア、リベリア、シエラレオネ、マリ、ナイジェリアでの大規模流行の発生、2018年 8 月 1 日から現在に至るまで、コンゴ民主共和国の北キブ州及びイツリ州においてエボラ出血熱のアウトブレイクが続いており、2019年 6 月11日には隣国のウガンダ共和国のカセセ県でも患者が確認されました。

　また、同年 7 月には北キブ州の州都ゴマに感染が拡大する等、油断できない状況が続いています。

第1章

第2章

第3章

第4章

第5章

問題32

Q熱に関する記述として**適切でないのはどれか**。

1. コクシエラ属の細菌による感染症である。
2. 感染動物のふん尿、乳汁、胎盤や羊水等に病原体が含まれている。
3. 人へは接触感染、吸入感染以外に、未殺菌の乳製品等の摂取による感染もある。
4. 妊娠している女性が感染すると、流産することがある。
5. 人から人への感染を起こしやすい。

正解　5

解説

　Q熱の病原体は、コクシエラ科コクシエラ属の *Coxiella burnetii* です。以前は、リケッチアとして分類されていたのですが、現在ではリケッチアではなく、レジオネラ目に属する細菌であるとされています。古い教科書等で勉強する際には、まず注意してください。

　Q熱の潜伏期間は2～3週間で、突然の高熱、悪寒、頭痛、筋肉痛や関節痛、吐き気、嘔吐、下痢、胸の痛み、胃痛、体重減少、乾いた咳がみられることがあります。多くは7～10日で回復しますが、人から人への感染はめったに起こりません。

　Q熱の媒介動物がマダニであることは重要ですが、主に自然界では動物から動物への感染を媒介しているようです。マダニから人に感染することはないといわれていますが、マダニが保菌しているのは事実なので、マダニ防除をして損はありません。

　人への感染は、家畜やペットの出産シーズンに発生することが多く、流行地域では、愛玩動物も含め出産時の動物に細心の注意を払いましょう。また、殺菌していない乳製品の摂取も避けましょう。

ちょっとひとこと

　Q熱は、私たちの食事と密接に関係しているのを知っていますか。生乳を殺菌するための加熱温度と時間を設定する根拠となる菌が、実はQ熱の病原体（*Coxiella burnetii*）なのです。

　わが国では2002年に「乳及び乳製品の成分規格等に関する省令」を一部改正し、それまでは結核菌を指標菌としていたものを、Q熱の病原体である Coxiella burnetii を指標菌とした新しい加熱条件による乳の殺菌に変更しました。乳の殺菌について、諸外国でも同様の基準を設定しています。Q熱を基準にして、おいしい牛乳を飲めていたわけですね。これで、感染ルートや予防法がいくつか、覚えやすくなったと思います。

問題33

オウム病に関する記述として**適切でないのはどれか。**

1. 主にオウム等の愛玩鳥から人に感染し、肺炎等の気道感染症を起こす。
2. 病原体はオウム病ウイルスである。
3. 治療は、テトラサイクリン系薬が第一選択薬となる。
4. 潜伏期間は1〜2週間で、その後急な発熱を呈する。
5. オウム等のふん便に含まれる菌の吸入や、口移しでエサを与えることによって感染する。

正解　2

解説　

　オウム病は、オウム病クラミジア（*Chlamydophila psittaci*）によって起こる人獣共通感染症です。名前のとおり、オウム等の鳥類から感染します。愛玩動物看護師として、鳥の飼い主に対し、ケージ内の羽やふん便をこまめに掃除すること、鳥の世話をした後には手洗い、うがいをすること、口移しでエサを与えないこと、健康な鳥でも保菌している場合があり、体調を崩すとふん便や唾液中に菌を排出し感染源となる場合があるので、鳥の健康管理に注意すること、等をアドバイスできるようにしておきましょう。

問題34

破傷風に対する感受性の高い動物はどれか。

1. 鶏
2. 犬
3. 猫
4. 馬
5. 牛

正解　4

問題35

予防としてトキソイドを利用している感染症はどれか。

1. 炭疽
2. 鼻疽
3. 結核
4. 狂犬病
5. 破傷風

正解　5

解説

　破傷風は、土壌菌である破傷風菌が、創傷等から感染し、菌が産生する神経毒により生じる急性中毒性疾患です。人では、肩こりや舌のもつれ、顔がゆがむ等で発症し、開口障害に発展します。放置すれば全身けいれんや、呼吸困難により死に至る可能性が高くなります。

　破傷風は、動物種によって、感受性が異なるのがポイントで、最も感受性が高いのは馬、次に人等となります。一方で、最も強い抵抗性をもつのは鶏です。破傷風は、予防として破傷風トキソイドを用いるのも特徴的で、破傷風以外ではジフテリアもトキソイドで予防しています。当たり前ですが、破傷風トキソイドで感染予防を実施しているのは馬とヒトです。

　ちなみに、トキソイドとは、細菌の産生する毒素を取り出し、免疫をつくる能力はもっていますが、毒性はないようにしたワクチンのことです。

問題36

国際獣疫事務局の略語はどれか。

1. OIE
2. WHO
3. FAO
4. HACCP
5. EU

正解　1

解説

　国際獣疫事務局の略語は、OIEです。WHOは世界保健機関、FAOは国連食糧農業機関、HACCPは危害要因分析必須管理点、EUは欧州連合の略語です。

問題37

国際獣疫事務局の目的として**適切でないのはどれか。**

1. 動物疾病に関する情報提供
2. 動物疾病の制圧や根絶に向けた支援や助言
3. 動物由来食品の安全性確保
4. アニマルウェルフェアの向上
5. 絶滅危惧種の保護

正解　5

解説

　OIEは、1924年に設立された獣疫に関する国際組織で、2011年2月現在178の国と地域が加盟しています。わが国は1930年1月28日にOIEに加盟しました。OIEの作業対象は設立以後拡大してきており、現在では動物衛生のみならず、食品安全及びアニマルウェルフェアの分野も作業対象に含まれています。

　また、取扱う動物も、哺乳類、鳥類、蜂、魚類、甲殻類及び軟体動物に加え、2008年に両生類が、また2016年には爬虫類が対象となりました。名称から感染症のみを対象とする国際機関のイメージがありますが、OIEは以下の6つの目的をもつ国際機関です。
・世界で発生している動物疾病に関する情報を提供すること。
・獣医学的の科学情報を収集、分析及び普及すること。
・動物疾病の制圧及び根絶に向けて技術的支援及び助言を行うこと。
・動物及び動物由来製品の国際貿易に関する衛生基準を策定すること。
・各国獣医組織の法制度及び人的資源を向上させること。
・動物由来の食品の安全性を確保し、科学に基づきアニマルウェルフェアを向上させること。

 ちょっとひとこと

　OIEやFAO等は、日常の動物病院業務で使うことがめったにない名称や知識かもしれません。しかし、国内の法律（ルール）や制度、病気の治療法、予防法に至るまで、多くのことが、こういった国際機関との関係のなかで決まっていることを理解しましょう。高病原性鳥インフルエンザでわかるように、自分の国だけ頑張っていても、ほかの国が足並みをそろえなければ、意味がないのが現在の地球なのです（環境問題も同じですね）。
　国家資格である愛玩動物看護師、つまり国家、国民から選ばれた資格の人間が、国際的な取組み、関係性を学ぶのは、ある意味当たり前のことです。必ず国内の大きな動きには、こういった国際機関との関係があることを頭に入れて勉強しましょう。

4　疫学

問題 1

曝露因子（危険因子）に**該当しないのはどれか。**
1. 喫煙
2. 飲酒
3. 運動習慣
4. 病気の症状
5. 食事

正解　4

解説

　疫学の基礎知識の問題です。疫学では、例えば喫煙は、肺癌の発生確率に影響を与える（確率を高くする）ので、肺癌の危険因子となります。よって「喫煙する」という、ある特定の状態は「曝露」であり、喫煙は肺癌の確率を高めるので「危険因子（曝露因子）」だという表現もできます。

　病気の症状は、曝露のあとに起こる出来事なので、曝露因子（危険因子）には該当しません。

　ちなみに曝露は悪いことだけに使う言葉ではなく、予防的なものにも使用しますので注意しましょう。

問題2

「一定期間内のある疾病による死亡数÷その期間内の同一疾病患者数」という式で表現されるのはどれか。
1.　有病率
2.　死亡率
3.　致死率（致命率）
4.　罹患率
5.　累積罹患率

正解　3

解説

　「一定期間内のある疾病による死亡数÷その期間内の同一疾病患者数」という式で表現されるのは、致死率（致命率）です。罹患率とは「集団内の疾病発生率」のこと、累積罹患率とは「一定期間内に疾患が発生したかどうかだけの情報で罹患状況を観察した指標」のことで、罹患率が求められない場合にのみ用いる特別な指標のこと、有病率とは「ある一時点における集団内の特定疾患をもつ者の割合」のことです。

　紛らわしいのは、死亡率と致死率です。死亡率は、罹患率の分子を「死亡数」に置き換えたもので、集団内の死亡率を表していることになります。

　　有病率　＝　特定疾患をもつ者　÷　（特定疾患をもつ者　＋もたない者）
　　死亡率　＝　死亡者数　÷　（特定疾患をもつ者　＋　もたない者）
　　致死率　＝　一定期間内のある疾病による死亡数　÷　その期間内の同一疾病患者数

　上記の式でわかると思いますが、死亡率と致死率の大きな違いは、分母が異なることです。例えば、「O157食中毒の死亡率が高い」という表現は誤りで、正しくは「O157食中毒の致命率が高い」となります。仮に、O157食中毒の致命率が1％であるとすると、O157患者100人のうち1人が死亡する割合を意味しますが、O157食中毒の死亡率が1％となると国民の1％がO157食中毒で死亡していることになってしまうからです。

　計算式をみて、ピンとこない場合は、実際に数字を入れて、具体的に考えることが大事です。このような計算式を見ただけで、直感的に理解してしまう人はまれで、多くの人にはよくわからない式です。丸暗記ではなく、具体的に考え、理解するようにしましょう。

　本書でも、すでに致死率と死亡率の2種が登場しています。あまり意味を考えずに、何気なく読んでいたと思いますが、今までの予想問題をあとで読み返し、意味を確認してみてください。

問題3

相対危険とは何か。
1. 2つの集団間の疾病頻度の比
2. 2つの集団間の疾病頻度の差
3. 2つの集団間の疾病頻度の和
4. 2つの集団間の疾病頻度の積
5. 3つの集団間の疾病頻度の和

正解　1

解説

　2つの集団間の疾病頻度の比で表されるのが相対危険で、2つの集団間の疾病頻度の差が寄与危険になります。

　死亡率、致死率等は、1つの集団の指標ですが、相対危険や寄与危険は、2つの集団間を比較しているのがポイントになります。

　例えば「喫煙と肺癌の関係において、相対危険は4 〜 10程度」といった場合、これは「非喫煙群」と「喫煙群」を比較して、喫煙群では肺癌の頻度が4 〜 10倍高いことを意味します（これは疫学的な事実です）。

　以下の図でみますと、非喫煙群は喫煙という曝露がない「非曝露群」になり、喫煙群は喫煙という曝露がある「曝露群」となります。この2つの集団の肺癌になる頻度を比較した場合、曝露群である喫煙群は非喫煙群よりも「b」の分だけ肺癌の頻度が高くなっています。曝露群の疾病頻度のうち、非曝露群の疾病頻度「a」の部分は、非曝露群でもこの程度は発生しているのだから、曝露による影響ではないと考えられます。

　次は寄与危険の考え方です。喫煙で考えると、喫煙していない人でも図の「a」の頻度で肺癌が発生するのだから、これは喫煙という曝露の影響で発生したものではないと考えます。そうすると「b」の部分に相当する「寄与危険」が「真に曝露によって増加した疾病頻度」と考えられるわけです。

▼相対危険、寄与危険の考え方

曝露群の疾病頻度

a	b

非曝露群の疾病頻度

a

●相対危険＝曝露群の疾病頻度（a＋b）÷ 非曝露群の疾病頻度（a）

●寄与危険＝曝露群の疾病頻度（a＋b）−非曝露群の疾病頻度（a）

例：非曝露群では10人中1人に癌が発生、曝露群では10人中5人に癌が発生した場合、曝露群は非曝露群と比較して5倍癌のリスクが高く、曝露群5人の癌患者のうち、4人はリスク源による癌発生であると考えます。

問題4

以下のデータは、集団食中毒を起こした飲食店での調査結果である。ゼリーの相対危険として適切な数値はどれか。

1. 5.6
2. 0.18
3. 1.2
4. 1.8
5. 65.3

	食品を食べた人数			食品を食べなかった人数		
	罹患	合計	発病率	罹患	合計	発病率
焼いたハム	29	46	63	17	29	59
ホウレンソウ	26	43	60	20	32	62
マッシュポテト	23	37	62	23	37	62
キャベツサラダ	18	28	64	28	47	60
ゼリー	16	23	70	30	52	58
ロールパン	21	37	57	25	38	66
黒パン	18	27	67	28	48	58
ミルク	2	4	50	44	71	62
コーヒー	19	31	61	27	44	61
水	13	24	54	33	51	65
ケーキ	27	40	67	19	35	54
バニラアイスクリーム	43	54	80	3	21	14
チョコレートアイスクリーム	25	47	53	20	27	74
フルーツサラダ	4	6	67	42	69	61

※発病率は小数点第一位を四捨五入
※発病率の単位は％

正解　3

解説

　実際の相対危険の計算問題です。データから、ゼリー摂取の発病率は70％、ゼリー非摂取の発病率は58％であることがわかります。よって、相対危険は「曝露群の疾病頻度÷非曝露群の疾病頻度」で計算できますので、相対危険＝70÷58＝約1.2となります。

　つまりゼリーを食べた人は、食べなかった人よりも1.2倍胃腸炎に罹患する可能性が高いことを意味します。集団食中毒が起きると、まずは疑わしい食材（食品）を見つけなければなりませんが、その際に疫学的な手法が活躍していることがわかったかと思います。

問題 5

以下のデータは、ある病院で輸血した患者と輸血しなかった患者について、5年間追跡調査し、肝炎の発症状況をまとめたものである。輸血したことによる肝炎発症の相対危険と寄与危険の正しい組合せはどれか。

	相対危険	寄与危険
1.	8.0	0.047
2.	8.0	0.0875
3.	8.0	0.47
4.	8.0	0.00875
5.	8.0	0.047

	輸血あり	輸血なし	計
肝炎発症あり	50	10	60
肝炎発症なし	450	790	1,240
計	500	800	1,300

正解　2

 解説

　本問題の曝露は、輸血となります。相対危険は曝露、つまり輸血した人のなかで肝炎を発症した人と、非曝露、つまり輸血しなかった人のなかで肝炎を発症した人を比較しますので、計算すると（50人÷500人）÷（10人÷800人）＝8.0となります。これを輸血した人は、していない人に比べ8倍肝炎発症の危険性が高いと表現します。

　次に寄与危険を求めます。寄与危険は曝露群と非曝露群との差ですので、（50人÷500人）－（10人÷800人）＝0.0875となります。

問題 6

疫学の研究方法（調査方法）のうち、観察疫学研究に**該当しないのはどれか。**
1. コホート研究
2. 介入研究
3. 症例対照研究
4. 横断研究
5. 記述疫学研究

正解　2

 解説

　疫学の研究方法（調査方法）の分類法はさまざまありますが、観察疫学研究と介入疫学研究は、「黙って観察しているだけか（観察疫学研究）」「自ら介入して変化させるか（介入疫学研究）」の違いです。

獣医学では特に介入研究、つまり実験動物を使った研究を頻繁に行いますが、これは実験動物に私たちが手を加えて（介入して）、どうなるかを研究したものですから、言葉としては理解しやすいと思います。

観察疫学研究	記述疫学研究
	生態学的研究
	横断研究
	コホート研究
	症例対照研究
介入疫学研究	介入研究（実験疫学）

問題7

以下のデータはどのような研究目的のために集めたものか。

1. 生態学的研究
2. 介入研究
3. コホート研究
4. 症例対照研究
5. 横断研究

	太郎君	花子さん	正君	明子さん	博君
食塩摂取量（g／日）	5	6	4	10	5
収縮期血圧（mmHg）	135	132	127	138	130

正解　5

解説

データから、個人の現在の食塩摂取量と収縮期血圧を調べていることがわかります。個人単位での食塩摂取量と血圧との関連性を調べるために行った研究であるため、これを横断研究といいます。

生態学的研究であれば「都道府県単位の平均1日食塩摂取量と血圧のデータ」、症例対照研究であれば「現在の血圧で高血圧者と正常血圧者を設定し、それぞれの過去の食塩摂取量のデータ」等が必要となるでしょう。

コホート研究の場合は、「現在の食塩摂取習慣を把握して高食塩群と低食塩群に分けて将来の血圧を追跡調査する」といったデータ収集になります。介入研究では「高食塩群と低食塩群に研究者が無作為に割り付けて疾病発生（または予防）を比較する」というデータ収集になります。

		観察対象	比較対照群	曝露と疾病の時間的関係
観察研究	記述疫学研究	集団	なし	なし
	生態学的研究	集団	なし	なし
	横断研究	個人	（あり）	なし
	コホート研究	個人	あり	あり（曝露→疾病発生）
	症例対照研究	個人	あり	あり（曝露←疾病発生）
介入研究	臨床試験	個人（患者）	あり	あり（曝露→疾病発生）
	野外試験	個人（住民）	あり	あり（曝露→疾病発生）
	地域介入	集団（地区）	あり	あり（曝露→疾病発生）

問題 8

下のデータは、喫煙とインフルエンザ発症の関係を調べたものである。オッズ比はどれか。

1. 10
2. 8
3. 0.8
4. 2
5. 1.5

	喫煙	非喫煙
インフルエンザ発症	10	6
未発症	2	12

正解　1

解説

　この疫学調査は、症例対照研究になります。症例対照研究で示される相対危険のことを、特別にオッズ比と呼んでいます。オッズ比は前述した相対危険のことなので、呼び名が異なるのだという程度の解釈でOKです。

　オッズ比の計算問題は、疫学の問題の定番です。必ず覚えましょう。症例（A＋B）人、対照（C＋D）人の症例対照研究のオッズ比は以下の計算で算出します。

$$オッズ比＝\left(\frac{A}{B}\right)÷\left(\frac{C}{D}\right)＝(A×D)÷(B×C)$$

	曝露	非曝露	合計
症例	A	B	A＋B
対照	C	D	C＋D

本問題のデータの数字を使って、オッズ比を計算すると以下のようになります。

$$オッズ比＝(10×12)÷(6×2)＝120÷12＝10$$

　よって「喫煙者は、非喫煙者よりも10倍インフルエンザに感染する危険が高い」と考えられることになります。計算の仕方は、慣れてしまえば簡単なのですが、覚え方としては、表の数字を「×」を描くように計算すると覚えればよいでしょう。

第1章

第2章

第3章

第4章

第5章

ちょっとひとこと

　相対危険とオッズ比を計算してみましたが、数字の意味を考えてみましょう。相対危険やオッズ比が1より大きい場合の解釈は理解できたかと思いますが、相対危険やオッズ比が、ぴったり1だった場合や1より小さかった場合は、どう解釈すればよいのでしょう。

　相対危険やオッズ比が1の場合、それは曝露群と非曝露群に差がないことを意味し、1より数値が小さい場合は、曝露で発症が減少したことを意味します。問題のオッズ比が、仮に0.8であった場合、喫煙した方がインフルエンザにかかりにくいことになりますので、直感的に変だなと感じなければなりません。相対危険やオッズ比の計算問題では、時折、選択肢に1より小さい数字が入っていることがありますが、問題文の曝露を見れば、1より小さいことはなさそうだなというように直感的に判断できることがあります。

問題9

誤差に関する記述として**誤りはどれか**。
1. 誤差は、偶然誤差と系統誤差に大きく分類される。
2. 交絡は、偶然誤差である。
3. 偏りのことを、バイアスと呼ぶことがある。
4. 偏りは、系統誤差の一種である。
5. 偏りには、選択の偏りと情報の偏りがある。

正解　2

問題10

疫学の観測値の系統誤差に**含まれないのはどれか**。
1. 特定の傾向や方向性をもった集団を調査した。
2. 先入観をもってデータを処理した。
3. 調査した集団の属性別の構成を考慮しなかった。
4. 誘導的な質問をした。
5. 調査した集団の標本数が少なかった。

正解　5

解説

　疫学では「真の姿」と「観察した結果」の間に生じた差を「誤差（エラー）」と呼んでいます。

　誤差は、偶然に起こるものと、系統的に起こるものに大別され、前者を「偶然誤差」、後者を「系統誤差」と呼びます。問題の選択肢「調査した集団の標本数が少なかった」は偶然誤差になります。

　系統誤差とは、一定の方向性をもった（系統的な）誤差のことで、それらのなかには、交絡、選択の偏り、情報の偏り等があります。また、偏りはバイアスという呼び名もあります。

　選択の偏りとは、選択する際の偏り、つまり標的集団から観察対象集団を抽出（選択）する場合に、偏った抽出方法を行った結果生じてしまうバイアスのことです。一方で、情報の偏りとは、別名「観察の偏り」や「誤分類」とも呼ばれ、曝露や疾病発生に関する情報が事実と異なる場合に発生するバイアスのことです。

誤差 ─ 系統誤差（広義の偏り） ─ 狭義の偏り ─ 選択の偏り
　　　　　　　　　　　　　　　　　　　　　　 ─ 情報の偏り
　　　　　　　　　　　　　　　 ─ 交絡
　　　 ─ 偶然誤差

問題11

観察する曝露と疾病発生の関係に影響を与える第三の因子を何というか。
1. 交絡因子
2. 交雑因子
3. 寄与因子
4. 危険因子
5. 曝露因子

正解　1

問題12

ある集団で飲酒と肺癌の関係を調査した結果、因果関係があるようにみえた。しかし集団内飲酒者の大半は喫煙者であり、非飲酒者の大半は非喫煙者であることがわかった。喫煙者のなかでも非喫煙者のなかでも、飲酒と肺癌に関連は認められなかった。この調査における「喫煙」はどれにあたるか。
1. 情報の偏り
2. 寄与因子
3. プラセボ
4. 選択の偏り
5. 交絡因子

正解　5

解説

　交絡因子とは「観察する曝露と疾病発生の関係に影響を与える第三の因子」を意味します。読んで字のごとく、曝露と疾病発生の関係に「交わって、絡んでくる因子」のことです。交絡因子は、疫学のなかでも、大事なキーワードとなりますので、ぜひ名前と大まかな意味を覚えておきましょう。
　交絡因子をイメージしやすいように、以下の図を参考にしてください。

第1章

問題13

疾患とその要因の間に因果関係が成立するための必須条件（必要条件）はどれか。

1. 関連の一致性
2. 関連の強固性
3. 関連の時間性
4. 関連の特異性
5. 関連の整合性

正解　3

解説

　因果関係の妥当性とは、「少なくともこれは満たしていなければ仮説としておかしい」という基準のことです。

　関連の一致性とは「違う国、違う時代でも同じことが起こるか」、関連の強固性とは「効果が定量的か」、関連の特異性とは「原因のある所に結果があり、結果のある所に原因があるか」、関連の時間性とは「原因→結果の順になっているか」、関連の整合性とは「既知の知識体系と矛盾しないか」という条件（基準）となりますが、必ず因果関係を証明するうえでクリアしなければならない必須条件（必要条件）は、関連の時間性のみです（ほかは、なるべくクリアしていたらよいねという程度の条件です）。

曝露と疾病発生の間に関連がある場合における因果関係の有無の判定要件	
関連の時間性（時間的関係）　必須要件	曝露が疾病発生に対して時間的に先行していること（曝露→疾病発生）
関連の一致性	異なる対象、地域、時期等で同様な関連性が観察されること
関連の強固性	仮説要因への曝露・非曝露群における相対危険が著しく大きく、また量反応関係が観察されること（曝露があるとすごく危険で、曝露が多いと疾病発生も多いこと）
関連の特異性	原因のある所に結果があり、結果のある所に原因があるか（要因に対する曝露と疾病発生の関係が1対1で成り立つこと）
関連の整合性	疫学以外の科学的知見と矛盾しないこと（実験結果と一致する等）

問題14

真に罹患していて、検査の結果が陽性と出る確率を何というか。
1. 感度
2. 特異度
3. 感受性
4. 交絡
5. 陽性的中率

正解　1

問題15

疾患Aの検査法を評価するため、50 頭の罹患動物と 200 頭の罹患していない動物を用いて検査を実施した。以下のデータから求められるこの検査法の感度はどれか。
1. 20%
2. 33%
3. 66%
4. 80%
5. 90%

		真の罹患状況	
		罹患している	罹患していない
検査結果	陽性	40頭	20頭
	陰性	10頭	180頭

正解　4

解説

　スクリーニングとは、「特定の無症状の疾患に罹患している可能性が高いかどうかを判断するために、検査を集団に適用すること」と定義されます。スクリーニング検査は、すべての疾患に適用するわけではありません。基本的に二次予防目的（早期発見・早期治療）で行われるのがスクリーニング検査で、動物病院では生化学検査等の検査がスクリーニング検査に該当します。

　つまりスクリーニングをした結果、疾患が早期発見され、その後の経過が変化し、その人（または動物）に何らかの利益があればスクリーニングの対象疾患となり得るわけです。

　そこで、今度はスクリーニング検査が良い検査かどうかを評価する必要が出てきます（誰でも、意味のない、無駄な検査は受けたくないです）。

　スクリーニング検査の評価方法には、感度（敏感度、鋭敏度）、特異度、陽性反応的中度等があります。感度とは「真に罹患している者で、検査の結果が陽性と出る確率」、特異度とは「真に疾患に罹患していない者で、検査の結果が陰性と出る確率」を意味します。

		疾病の有無		
		あり	なし	合計
スクリーニング検査結果	陽性	A	B	A+B
	陰性	C	D	C+D
	合計	A+C	B+D	

A：有病者で、検査結果陽性なので、「あたり」

B：非有病者で、検査結果陽性なので、「はずれ（偽陽性）」

C：有病者で、検査結果陰性なので、「はずれ（偽陰性）」

D：非有病者で、検査結果陰性なので、「あたり」

　上の表を使って、感度（敏感度、鋭敏度）、特異度、陽性反応的中度等が求められます。それぞれは以下の計算式で導き出せます。もちろん暗記ではなく、計算式の意味を考えながら理解して覚えましょう。

感度＝A÷（A+C）
特異度＝D÷（B+D）
陽性反応的中度＝A÷（A+B）

　問題15のデータを用いて、感度を計算すると、感度＝40÷（40＋10）＝0.8＝80%となります。感度と特異度の計算も、大変重要な知識ですので、練習しておくことをお勧めします。

　感度、特異度ともに値が高い検査ほど、良い検査のように思えますが、実のところ感度と特異度はトレードオフの関係にあり、一方を高くすると、もう一方は低くなってしまう関係にあります。

　下の図をみてください。図は集団を疾患の有無別に2分し、それぞれの群における検査結果の分布を示したものです。赤線をカットオフ値（ここから陽性、陰性と区切る基準）とした場合、右にずらすと特異度は上がりますが、逆に感度は下がってしまいます。一方、カットオフ値を左にずらすと感度は上がりますが、逆に特異度は下がってしまうことになります。

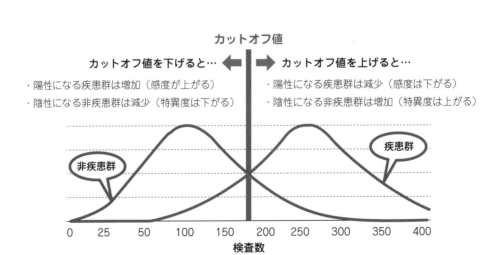

ちょっとひとこと

　動物病院では、おなじみのAST、ALT、ALP等の血液生化学検査が、スクリーニング検査の一つであることがわかりました。スクリーニング検査では、ここからは病気を疑い、ここからは健康であろうと判断する線引きをしますが、その線引きがカットオフ値です。

　獣医師でも勘違いしている方がいるかもしれませんが、生化学検査等のスクリーニング検査で異常値が出た場合の意味は「ある病気が疑われる」だけであり、ある病気に決定したわけではありません（疾患がなく、健康の可能性もあります）。要するに、スクリーニング検査は診断的な検査ではないのです。

　また、血液生化学検査で正常値（基準値）が出た場合の意味は「ある病気ではない可能性が高い」だけであり、ある病気をもっている可能性がゼロというわけではないのです。

　このように、検査結果の解釈にも、疫学の知識が使われています。検査する側の愛玩動物看護師が精通していないといけない知識であると認識しましょう。

問題16

サーベイランスに関する記述として**誤りはどれか**。

1. サーベイランスの観察対象は、集団である。
2. 義務として報告してくるデータを収集して行うのは、受動的サーベイランスである。
3. 特別な疾病について自ら問い合わせて情報収集するのは、能動的サーベイランスである。
4. サーベイランスとモニタリングは同じ意味である。
5. 疾病サーベイランスや公衆衛生サーベイランスとも呼ばれる。

正解　4

 解説

　サーベイランスとは「疾病の予防と管理を目的として、疾病の発生状況やその推移等を継続的に監視することにより、疾病対策の企画・実施・評価に必要なデータを系統的に収集・分析・解釈し、その結果を迅速かつ定期的に還元するもの」を意味します。

　サーベイランスの観察対象は個人ではなく、集団で、疾病サーベイランス、公衆衛生サーベイランス等とも呼ばれます。

　また、サーベイランスを受動的サーベイランスと能動的サーベイランスに分類することもあります。受動的サーベイランスは、保健所等が義務として報告してくるデータを収集して行う方法で、能動的サーベイランスは、特別な疾病について自ら保健所等に問い合わせて情報収集して行う方法となります。

　ちなみに、サーベイランスと混同される用語にモニタリングがありますが、両者の意味は異なりますので注意しましょう。

　モニタリングとは「健康とパラメータに関して日常の観察を実施、記録し、これらのデータを広く通報すること」と定義され、基本的に「情報収集が主目的」なものを意味します。

　しかし、サーベイランスはモニタリングと異なり、疾病の発生予測や予防対策といった積極的な活動が主目的なので、間違って使わないようにしましょう。

ちょっとひとこと

　わが国での感染症についてのサーベイランスは、全国規模で約20年行われています。感染症流行予測調査としてインフルエンザ、日本脳炎、ポリオ、ジフテリア、百日咳、風疹、麻疹、破傷風を調査していることや、結核・感染症サーベイランスは有名です。

　このサーベイランスのおかげで、毎年冬になると新聞やテレビ等で、インフルエンザが流行しているといった情報が流れ、注意喚起につながっているわけです。

　サーベイランスはモニタリングと違って、予防等につなげないと意味がありませんので、データは国立感染症研究所のホームページで誰でもほぼリアルタイムに入手・閲覧できます。興味があったら、ぜひ見てみましょう。

　その他にも感染症以外のがんや脳卒中といった疾患もサーベイランスの対象となっています。また獣医師に届出義務がある感染症も、サーベイランスの対象となっていることもわかります。

　法律で、どうして届出義務の感染症を指定していたのか、これで話がやっとつながりました。法律の勉強をして、届出感染症は覚えたけど、何のために行っているのかわからないでは、意味がありません。やはり、疫学の勉強は必要ですね。

問題17

EBM（evidence-based medicine）の説明として適切なのはどれか。

1. 根拠に基づく獣医療のこと。
2. 高度な技術を要する獣医療のこと。
3. 誰にでも平等な獣医療のこと。
4. 危険性が少なく、安全性が高い獣医療のこと。
5. 世界的にみて、標準レベルの獣医療のこと。

正解　　1

EBM（evidence-based medicine）の説明として

以下のうち、最も信頼性が高い研究方法はどれか。

1. システマティックレビュー
2. ランダム化比較試験（RCT）
3. 非ランダム化比較試験（NRCT）
4. 症例報告
5. コホート研究

正解　　1

解説

　EBM（Evidence-Based Medicine）とは、根拠に基づく医療と訳すことができます。獣医療の場合では「根拠に基づく獣医療」といえるでしょう。

　EBMは、簡単にいうと、現在利用可能な最も信頼できる情報を踏まえ、病気の動物にとって最善の獣医療を行うということを意味します。つまりEBMとは、獣医療を円滑に行うための道具で

あり、行動指針でもあるわけです。

　信頼性が高い研究方法は、同時に誤差が少ない研究方法でもあり、下の図のような信頼性の高い順番が決まっています。

　現在、最も信頼性の高い研究方法が「システマティックレビュー（systematic review）」で、これは、クリニカルクエスチョン（clinical question；CQ）に対して研究を網羅的に調査し、同質の研究をまとめ、バイアスを評価しながら分析・統合を行う研究方法のことです。

　ランダム化比較試験は、介入研究の一種で、新しい治療法が既存の治療法と比較して優れているのかを判断するのに適した研究方法と考えられています。

　ランダム化比較試験はコホート研究と比較して、観察研究ではなく介入研究であること、交絡バイアスが少ないこと、手間がかかること（人、時間、金）等が主な相違点で、信頼性の高い研究方法とされています。

▼エビデンスのピラミッド

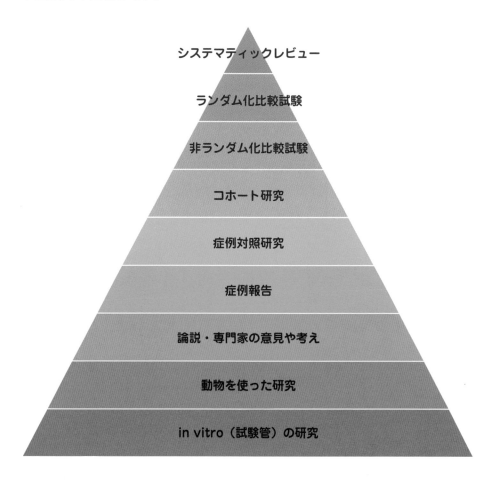

ちょっとひとこと

　わが国のさまざまな関係法規と国際条約、公衆衛生学として環境衛生、食品衛生、感染症（人獣共通感染症）、疫学の予想問題を解いてきました。その結果、いろいろな知識が、見えない糸でつながっていることがわかりました。

　動物看護師統一認定試験では、食品衛生の知識を問う問題が少し出題されていますが、疫学の知識を問う問題は、ほとんどなかったと思います。だから、愛玩動物看護師の国家試験で出題されないと予想するのが、おそらく一般的な考え方です。

　しかし、本書では攻めてみました。法律、国際条約、公衆衛生学（環境衛生と人獣共通感染症）の知識は、まず間違いなく国家試験で問われます。その重要な知識を真に理解するためには、ある程度の食品衛生の知識が必要なはずですから。

　また、疫学の知識は、検査等とも密接に関係するため、今まで知識を問われないのがおかしいくらい重要なものです。さまざまな科目を勉強している際に、何気なく使っているのが疫学の知識です。疫学を学んでいないことは、科目の理解不足につながることを自覚しましょう。

　あくまでも、本書は予想問題ですから、残念ながら外れることもあります。疫学なんて、出題範囲に入らなかったではないかという結果になるかもしれません。

　しかし、国家試験に合格するために勉強しているのではないことを思い出し、愛玩動物看護師を目指す者として、必要ならば、どん欲に知識を吸収してほしいものです。疫学の知識は、非常に役立ちます。現在、動物看護師として働いている方のなかには、もしかしたら学生時代にほとんど勉強した記憶のない方もいらっしゃるかもしれません。でも、重要なもの、必要なものがあれば、それを学ぶ姿勢をもっているのが国家資格をいただける人なのだと考え、疫学に興味をもってぜひ勉強してみてください。

付録 主な法律と対象動物

付録として、法律ごとに異なる対象動物を以下の表にまとめました。

法律	対象動物
愛がん動物用飼料の安全性の確保に関する法律（ペットフード安全法）	**愛がん動物**：犬と猫
動物の愛護及び管理に関する法律	**愛護動物**：牛、馬、豚、めん羊、山羊、犬、猫、いえうさぎ、鶏、いえばと、あひる、その他人が占有している動物で、哺乳類、鳥類、または爬虫類に属するもの
	特定動物：人に危害を加えるおそれのある危険動物
鳥獣の保護及び管理並びに狩猟の適正化に関する法律	**鳥獣**：鳥類又は哺乳類に属する野生動物
	鳥獣の例外：海棲哺乳類（ニホンアシカ、ワモンアザラシ、クラカケアザラシ、ゴマフアザラシ、アゴヒゲアザラシ、ゼニガタアザラシ、ジュゴンを除く）と家ネズミ3種（ドブネズミ、クマネズミ、ハツカネズミ）
と畜場法	**獣畜**：牛、馬、豚、めん羊、山羊
食鳥処理の事業の規制及び食鳥検査に関する法律	**食鳥**：鶏、あひる、七面鳥
獣医師法 獣医療法	**飼育動物**：牛、馬、めん羊、山羊、豚、犬、猫、鶏、うずら、小鳥（オウム科全種、カエデチョウ科全種、アトリ科全種）
家畜伝染病予防法 飼養衛生管理基準	**飼養衛生管理基準の対象家畜**※：牛、水牛、鹿、めん羊、山羊、馬、豚（ミニブタ、イノブタ含む）、いのしし、鶏（ウコッケイ、チャボを含む）、ほろほろ鳥、七面鳥、うずら（ヨーロッパウズラ）、あひる（マガモ、ガチョウ、アイガモ、フランスガモ）、きじ（ヤマドリ）、ダチョウ（エミュー）
	※対象家畜は飼養目的が問われません。そのため、ペットショップや学校、保育園、公園等で愛玩や庭先飼育の目的として飼養されていても「対象家畜」といえます。
身体障害者補助犬法	**補助犬**：盲導犬、聴導犬、介助犬

著者プロフィール

鈴木　勝
すずき　まさる

日本獣医生命科学大学（旧日本獣医畜産大学）卒業、獣医師。
愛玩動物看護師国家試験対策の学習システムや各種学習グッズ
の販売、全国模試の実施、獣医師国家試験対策予備校Ｖゼミの
運営などを手掛ける国試研（獣医師国家試験対策研究会）の代表。

「新分野徹底解明！ 獣医師国家試験　新出題基準対応予想問題集（株式会社インター
ズー*）」「必ず合格する勉強法　獣医師国家試験を勝ち抜く６つの掟 新基準対応 練
習問題付き（株式会社インターズー*）」など国家試験対策書籍を執筆。各種国家試
験、試験勉強法、テスト理論などに精通し、獣医学業界でいち早くCBT（Computer
Based Testing）やe-ラーニングシステムを導入し、国家試験受験に活用してきた
実績をもつ。

※現：株式会社エデュワードプレス

受験を決めたらまず手に取りたい
愛玩動物看護師国家試験　合格準備 BOOK

2020 年 10 月 1 日　第 1 版第 1 刷発行
2021 年 2 月 24 日　第 1 版第 2 刷発行
2021 年 6 月 21 日　第 1 版第 3 刷発行
2021 年 9 月 22 日　第 1 版第 4 刷発行
2021 年 11 月 26 日　第 1 版第 5 刷発行
2022 年 3 月 14 日　第 1 版第 6 刷発行
2022 年 6 月 16 日　第 1 版第 7 刷発行

著　者　国試研
発行者　坂本佳弘
発行所　株式会社 EDUWARD Press
　　　　〒 194-0022　東京都町田市森野 1-27-14　サカヤビル 2 階
　　　　編集部：Tel. 042-707-6138 ／ Fax. 042-707-6139
　　　　業務部（受注専用）Tel. 0120-80-1906 ／ Fax. 0120-80-1872
　　　　振替口座　00140-2-721535
　　　　E-mail：info@eduward.jp
　　　　Web Site：https://eduward.online（オンラインショップ）
　　　　　　　　　https://eduward.jp（コーポレートサイト）

印 刷・製 本／株式会社シナノパブリッシングプレス
表紙・本文デザイン／飯岡えみこ
DTP・図／邑上真澄